Ioana Stanciu

Reologia de óleos vegetais utilizados como lubrificantes biodegradáveis

Ioana Stanciu

Reologia de óleos vegetais utilizados como lubrificantes biodegradáveis

ScienciaScripts

Imprint

Any brand names and product names mentioned in this book are subject to trademark, brand or patent protection and are trademarks or registered trademarks of their respective holders. The use of brand names, product names, common names, trade names, product descriptions etc. even without a particular marking in this work is in no way to be construed to mean that such names may be regarded as unrestricted in respect of trademark and brand protection legislation and could thus be used by anyone.

Cover image: www.ingimage.com

This book is a translation from the original published under ISBN 978-620-4-21319-4.

Publisher:
Sciencia Scripts
is a trademark of
Dodo Books Indian Ocean Ltd. and OmniScriptum S.R.L publishing group

120 High Road, East Finchley, London, N2 9ED, United Kingdom
Str. Armeneasca 28/1, office 1, Chisinau MD-2012, Republic of Moldova, Europe
Printed at: see last page
ISBN: 978-620-7-74941-6

Conteúdo

Introdução

O livro, intitulado "The Rheology of Non-Additive Vegetable Oils Used as Biodegradable Lubricants", está estruturado em três capítulos e apresenta um estudo de óleos vegetais de azeitona, girassol, colza e soja que podem ser utilizados como lubrificantes biodegradáveis.

O Capítulo I apresenta o estado atual da investigação sobre a utilização de lubrificantes ecológicos à base de óleos vegetais e as propriedades físico-químicas destes óleos.

O Capítulo II apresenta o comportamento reológico dos óleos de azeitona, girassol, colza e soja, aplicando os modelos reológicos encontrados na literatura, mas também encontrando outros modelos reológicos que descrevem corretamente o comportamento dos óleos vegetais a diferentes temperaturas e taxas de cisalhamento.

O Capítulo III inclui a aplicação da equação alargada de Vogel-Tammann-Fulcher ao óleo de soja não aditivo, mas utilizado como lubrificante biodegradável.

CAPÍTULO 1

ESTADO ACTUAL DA INVESTIGAÇÃO SOBRE A UTILIZAÇÃO DE LUBRIFICANTES ECOLÓGICOS À BASE DE ÓLEOS VEGETAIS

1.1. Considerações de carácter geral

Lubrificante é qualquer substância colocada entre duas superfícies com o objetivo de reduzir o atrito e/ou o desgaste entre elas. O lubrificante representa um corpo interposto entre as superfícies do acoplamento de fricção [1-3]. Pode estar presente naturalmente ou pode ser introduzido intencionalmente para reduzir o atrito e o desgaste e/ou para dissipar o calor gerado pelo atrito [3-8]. Do ponto de vista da origem, existem lubrificantes minerais, lubrificantes sintéticos e lubrificantes de origem vegetal ou animal [9,10].

Até ao século XIX, os componentes de base utilizados no fabrico de lubrificantes eram os óleos vegetais e as gorduras animais. Estes eram compatíveis com o ambiente e biodegradáveis. Assim, já em 2500 a.C., os egípcios descobriram que o óleo vegetal reduzia o atrito se aplicado sob as solas dos trenós que transportavam pedras pesadas para a construção das pirâmides. Mesmo no período greco-romano, os óleos vegetais eram utilizados para reduzir o atrito. Nos países do sul, utilizavam-se óleos de papoila ou de azeitona, enquanto nas regiões do norte se utilizava óleo de colza [11,12].

Atualmente, 50% de todos os lubrificantes utilizados no mundo acabam no ambiente, por perda total, volatilidade ou acidentes graves. Antes de 2000, 95% destes lubrificantes eram à base de óleos minerais. Devido à sua ecotoxicidade e baixa biodegradabilidade, representam uma ameaça considerável para o ambiente, embora sejam lubrificantes eficazes com boas propriedades tribológicas [13].

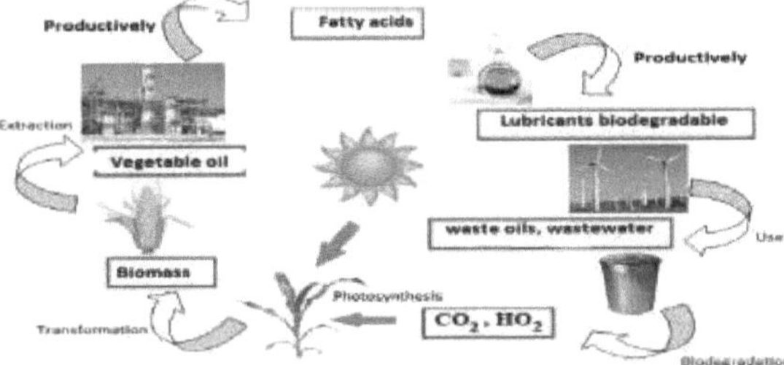

Figura 1. Ciclo de vida dos lubrificantes obtidos a partir de óleos vegetais [14]

A biodegradação é o processo pelo qual um produto (óleo vegetal, óleo mineral, etc.) é transformado, em condições de degradação microbiológica (agentes biológicos), em produtos aceitáveis para o ambiente, tais como água, CO2 e biomassa (figura 1). A taxa de degradação depende da distribuição da substância na superfície, da quantidade e do tipo de bactérias, da quantidade de oxigénio, da temperatura ambiente, da humidade, da luz, do pH e de outras condições [13-15]. A decomposição biológica dos lubrificantes biodegradáveis é aeróbia (com oxigénio, figura 2.a) e anaeróbia (sem oxigénio, figura 2.b). As algas, algumas plantas, esponjas, fungos e até pulgas do lago, em reacções com oxigénio e sais, podem promover a decomposição biológica [15].

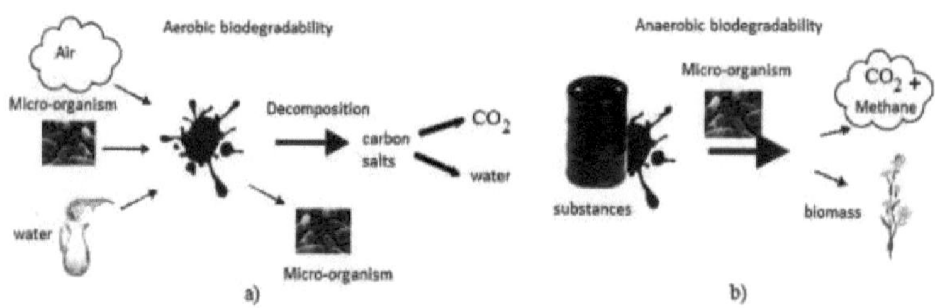

Figura 2. Decomposição biológica de lubrificantes biodegradáveis [15]

As vantagens ecológicas dos lubrificantes biodegradáveis em relação aos lubrificantes à base de óleo mineral consistem na rápida biodegradabilidade e nos baixos valores de toxicidade. Em geral, como óleos de base para lubrificantes biodegradáveis podem ser utilizados: poliglicóis, óleos de ésteres sintéticos e óleos vegetais [16]. A utilização de lubrificantes rapidamente biodegradáveis tem uma vantagem ecológica e económica. Infelizmente, a presença destes materiais no mercado é relativamente baixa. O consumo de lubrificantes biodegradáveis na Europa, em percentagem do consumo total de lubrificantes, é apresentado no Quadro 1.

Tabela 1. Consumo de lubrificantes biodegradáveis na Europa em percentagem do consumo total [13]

	País						
Ano	Alemanha	França	REINO UNIDO	Benelux	Escandinávia	Itália	Áustria
2000	4.0	0.1	0.2	2.9	9.0	1.3	5.7
2006	15.1	0.3	0.4	4.9	10.8	2.0	8.4

Devido às questões ambientais e às leis cada vez mais restritivas em matéria de proteção do ambiente, surgiu uma necessidade acentuada de lubrificantes "amigos do ambiente", com o menor impacto negativo possível. Neste contexto, os lubrificantes obtidos a partir de óleos vegetais estão na mira dos tribólogos, sendo as suas principais vantagens a fonte relativamente inesgotável, a não toxicidade e a

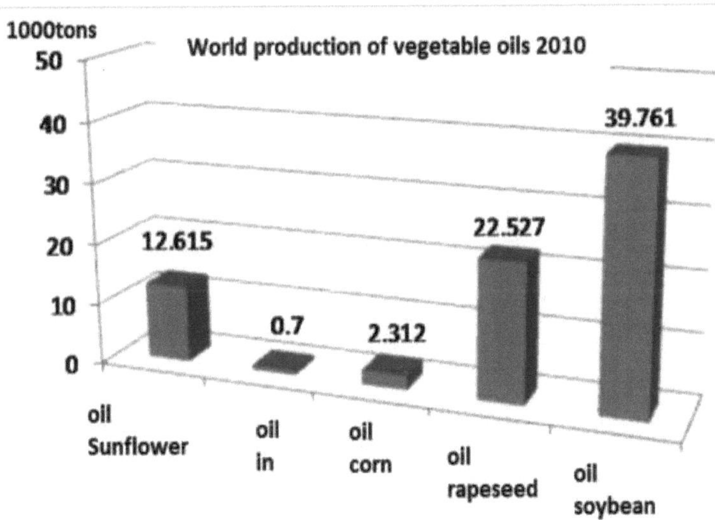

Figura 3. Produção mundial de óleos vegetais [21]

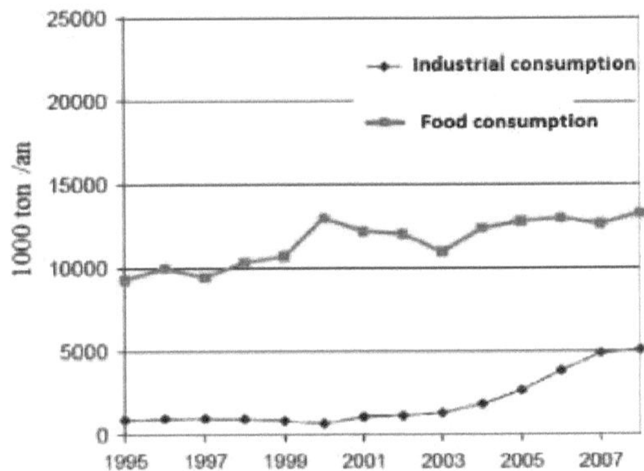

Figura 4. Consumo mundial de óleo de colza [20]

O aumento mais importante do consumo industrial é o óleo de palma, seguido do óleo de colza e, por último, do óleo de soja.

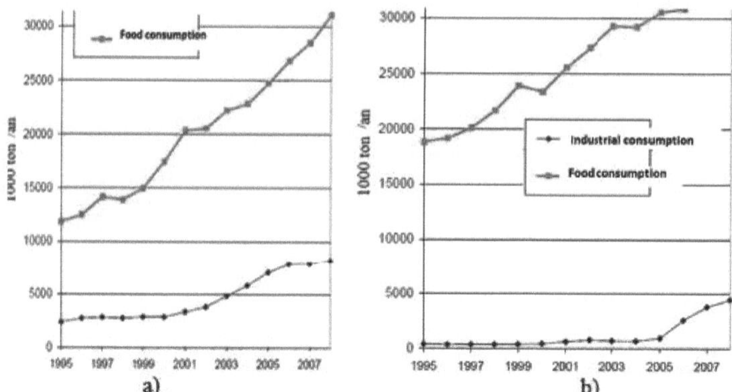

a)   b)

Figura 5. Evolução do consumo mundial de óleo de palma (a) e de óleo de soja (b) [20]

A produção de óleos vegetais no nosso país é apresentada no quadro 2.

Quadro 2. Produção de óleos vegetais na Roménia [toneladas] [21]

	2006	2007	2008	2009	2010
Óleo de girassol	331.400	256.956	173.176	241.027	197.250
Óleo de soja	45.600	48.136	29.704	6.385	2.435
Óleo de colza	16.688	16.256	88.57	74.298	69.100
Óleo de milho	500	500	500	500	500
Óleo em	123	141	61	214	489

Os domínios técnicos de utilização dos óleos vegetais são apresentados no quadro 3.

Tabela 3. Domínios de utilização de alguns óleos vegetais [22]

Óleo	Áreas de utilização
Óleo de colza	Lubrificação de mecanismos pesados, que funcionam a altas velocidades, de camisas de pistão, aplicações na medicina, na indústria têxtil, mas também como óleo de base em receitas de massas lubrificantes.
Óleo de rícino	Lubrificação de máquinas com altas velocidades e altas temperaturas, lubrificante e refrigerante no processamento de materiais metálicos (e sob a forma de emulsões), aplicações na indústria têxtil e do couro, em motosserras na indústria da madeira. Nos motores navais, o óleo é queimado juntamente com o combustível, sendo o resultado menos poluente.
Azeite	Lubrificação de mecanismos finos.
Óleo de soja	Componente de sabões e gorduras.
Óleo de girassol	Produtos industriais após hidrogenação. Componente de sabões e gorduras técnicas.
Óleo de sementes de algodão	Utilizado no fabrico de massas lubrificantes de cálcio.
Óleo em	Lubrificante e líquido de arrefecimento (especialmente sob a forma de emulsões) em algumas tecnologias de trabalho de metais.

1.2. Comparação entre lubrificantes biodegradáveis

O desempenho dos óleos biodegradáveis é comparável e, nalguns casos, até melhor do que o dos óleos minerais utilizados para as mesmas aplicações (Quadro 4 e Figura 6).

Tabela 4. Propriedades dos óleos e minérios biodegradáveis . óleos [14]

Propriedades	Óleo mineral	Glicóis	Óleo vegetal	Ésteres sintéticos
Densidade a 20°C [kg/m3]	880	1100	940	930
Índice de viscosidade	100	100.200	100.200	120.220
Estabilidade ao corte	Bom	Bom	Bom	Bom
Ponto de escoamento [°C]	-15	-40.+20	-20.+10	-60.-20
Comportamento a baixas temperaturas	bom	muito bom	baixo	Muito bom
Miscibilidade com óleos minerais	-	Nemiscibile	Bom	Bom
Solubilidade em água	insolúvel	muito bom	insolúvel	insolúvel
Biodegradabilidade (CEC) [%]	10...30	10.90	70.100	10.100
Estabilidade de oxidação	Bom	Bom	média	Bom
Estabilidade hidrolítica		-	baixo	média

Alguns óleos vegetais têm um índice de viscosidade elevado (~ 200), muito boa cremosidade e proteção contra o desgaste, baixa volatilidade, compatibilidade com muitos aditivos e óleos minerais. Mas todos são completamente biodegradáveis, a ecotoxicidade é muito baixa e os recursos são regenerados anualmente. No entanto, os óleos vegetais convencionais (não tratados) contêm uma grande quantidade de hidrocarbonetos insaturados que aumentam a tendência para a oxidação e limitam a sua utilização em aplicações de elevado desempenho. Têm também outras desvantagens importantes: mau comportamento a baixas temperaturas e fraca estabilidade hidrolítica [23].

A altas temperaturas, os óleos vegetais decompõem-se, formando ácidos gordos que atacam as superfícies de fricção [14]. Na presença de ar, secam, resultando numa película fina e resistente, que é difícil de remover das superfícies.

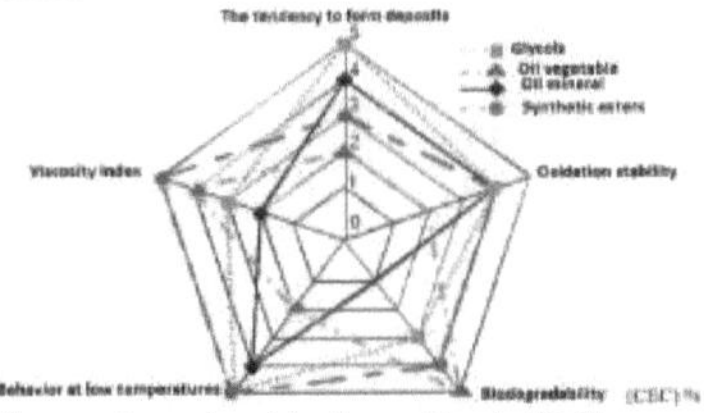

Figura 6. Propriedades dos óleos minerais e biodegradáveis [14]

1.3. Propriedades físico-químicas dos óleos vegetais que são objeto do presente estudo

Os óleos vegetais são obtidos a partir das sementes de plantas oleaginosas, de plantas têxteis e oleaginosas e de vários resíduos oleaginosos. As plantas oleaginosas mais comuns são: girassol (Helianthus annuus) (Rússia, Argentina, Roménia), soja (Glycine hispida) (China, EUA, Rússia), colza (Brassica napus) (Índia, China, Canadá, Polónia), rícino (Ricinus communis) (EUA, Itália, Turquia, França, Roménia) e amendoim (Arachis hypogaea) (Índia, China, México, Espanha, Itália). Outras fontes de óleos vegetais incluem o algodão, o milho, as azeitonas, o açafrão, o linho, a palma, o coco, o tungsténio, etc. [24, 25].

Os óleos vegetais são compostos por 98-99% de ácidos gordos cujas características diferem no número de átomos de carbono, no número de ligações duplas entre os átomos de carbono e

7

na posição destas ligações na molécula de ácido gordo [14, 23].

Os grupos de ácidos gordos são:

- ácidos saturados (sem ligações duplas) - ácido mirístico, ácido palmítico, ácido esteárico, etc;
- ácidos monoinsaturados (apenas com uma dupla ligação) - ácido oleico, ácido erúcico;
- ácidos poli-insaturados (com várias ligações duplas) - ácido linoleico, ácido linolénico;
- ácidos especiais (contêm radicais hidroxilo, epóxi, etc.).

Os ácidos gordos mais importantes contidos nos óleos vegetais são: ácido oleico (C18: 1), ácido linoleico (C18: 2) e ácido linolénico (C18: 3), bem como ácido palmítico (C16: 0) e esteárico (C18: 0) [25].

As fontes mais importantes de ésteres naturais são os óleos de colza, de girassol e de soja.

Para os óleos vegetais são importantes propriedades como: densidade relativa a 20°C, índice de saponificação, índice de iodo (que indica o grau de secura do óleo vegetal, determinado pela proporção de ácidos gordos polinsaturados), índice de peróxido, fração mássica de água e substâncias voláteis, índice de refração.

O óleo de soja é obtido a partir de grãos de soja, originários da China, aclimatados no nosso país em 1931 e atualmente cultivados em grandes áreas. Os grãos de soja têm um teor de óleo de 17... 20%, que é obtido por prensagem a frio ou extração com gasolina, sendo o solvente recuperado do óleo por destilação. Como na maioria dos óleos vegetais, no óleo de soja predominam os glicéridos com ácidos gordos, com uma ou mais ligações duplas, pertencendo ao grupo dos óleos não dessecantes. As características físico-químicas do óleo de soja são: densidade relativa a 15°C = 0,924. 0,930; ponto de congelação = -10 ...- 15°C, cor de iodo = 12-45 mg I2, índice de saponificação = 180 ... 190 mg KOH / g, índice de iodo = 120 ... 140 g I2 / 100g, índice de acidez = 0,6 mg KOH / g, índice de peróxido = 10 mmol de oxigénio ativo / kg. O óleo de soja é um produto alimentar mas, submetido a um tratamento de hidrogenação a 40 ... 50°C, é utilizado no fabrico de sabões e gorduras espessas [26].

Óleo de colza. A colza (Brassica oleracea) tem sido cultivada como planta desde o século XVI, tendo uma área de distribuição tanto em climas mais quentes como em climas frios. A colza ocupa o terceiro lugar no mundo como fonte de óleo vegetal, depois do óleo de palma e do óleo de soja [21].

O óleo de colza tem um baixo teor de ácidos gordos saturados (5-10%), um elevado teor de ácidos gordos monoinsaturados, sendo uma fonte rica de compostos antioxidantes, como polifenóis, tocoferóis, в-caroteno, luteína, fitoesteróis, etc. [28; 29]. As características físico-químicas do óleo de colza são: índice de peróxido = 10 mmol de oxigénio ativo / kg, fração mássica de água e substâncias voláteis = 0,15-0,2%, densidade relativa a 20°C = 0,914-0,920; índice de refração = 1,465-1,467; índice de saponificação = 182-193 mg KOH / g de óleo, índice de iodo = 105-126 g I2 / 100 g [26].

O azeite. Há milhares de anos que o azeite é muito apreciado, sendo utilizado na preparação de alimentos, na produção de cosméticos e sabonetes e como combustível para lâmpadas.

O azeite é uma mistura de tri-, di- e mono-glicéridos, sendo uma importante fonte de ácidos gordos naturais e antioxidantes (polifenóis e tocoferóis). Este óleo é constituído por ácidos gordos monoinsaturados, polinsaturados e saturados, especialmente sob a forma de ésteres com glicerol, que representam mais de 98% do conteúdo do azeite [30]. As concentrações de ácidos gordos e substâncias voláteis no azeite são influenciadas por vários factores, tais como: o grau de maturação do fruto da azeitona, o equipamento e a forma de processamento do fruto, os métodos de extração do azeite, as condições de armazenamento e, por último mas não menos importante, as condições climáticas e o solo onde as plantas são cultivadas [31-33]. As características físico-químicas do azeite são: índice de refração = 1,4677-1,4705; fração mássica de água e substâncias voláteis = 0,2%, fração mássica de impurezas não derivadas de gorduras (sedimento mássico) = 0.1%, índice de saponificação = 184-196 mg KOH / g, índice de iodo = 75-94 g I2 / 100g, fração mássica de substâncias insaponificáveis = máximo 15%, densidade relativa a 20°C = 0,910 - 0,916; índice de peróxido = 20 mmol de oxigénio ativo / kg [26].

Óleo de girassol. As características físico-químicas do óleo de girassol são: acidez livre em ácido oleico (máx.%) - 0,1; cor de iodo (mgI / 10 cm3 máx.) -7; água e substâncias voláteis (máx.%) -0,06;

impurezas insolúveis em éter etílico (máx.%) -0,05; sabão (máx.%) -0,02; índice de peróxidos (meq / kg máx.) -10.

1.4. Estudos reológicos de óleos vegetais

As propriedades reológicas dos óleos dependem de vários factores, incluindo a temperatura, a taxa de cisalhamento, a concentração, a densidade, a pressão, o tempo de aplicação, as propriedades químicas, os aditivos e os catalisadores, o peso molecular, o grau de insaturação dos ácidos gordos e o ponto de fusão [34-36]. A maior parte da investigação centrou-se nos efeitos da temperatura, da taxa de cisalhamento, da concentração e da pressão. O fator mais importante que afecta a viscosidade é a temperatura. A viscosidade dos óleos e gorduras diminui com a temperatura [37, 38]. Wan Nik, Ani, Masjuki e Eng Giap [39] avaliaram os efeitos da taxa de cisalhamento e da temperatura nas propriedades reológicas dos óleos vegetais de girassol, milho, canola, coco e superoleína. Os efeitos da temperatura e da taxa de cisalhamento foram estudados através da comparação de parâmetros obtidos por quatro modelos reológicos. Verificou-se que a viscosidade diminui com o aumento da temperatura, em todos os óleos estudados, sendo a influência da temperatura na variação da viscosidade mais forte do que o efeito da taxa de cisalhamento. Foi estabelecido que o óleo de girassol tem a melhor estabilidade de viscosidade com a variação de temperatura. O aquecimento e a manutenção de óleos a altas temperaturas é um processo que provoca uma série de reacções químicas que ocorrem no óleo, gerando uma multiplicidade de compostos químicos [40]. Satyanarayana e Muraleedharan [41] estudaram a variação da viscosidade com o aumento da temperatura do óleo de palmiste e do óleo de semente de seringueira. No caso do óleo de semente de seringueira, foi observada uma diminuição mais pronunciada da viscosidade com a temperatura do que no caso do óleo obtido a partir da amêndoa de palma. Em [42], Campanela determinou a variação da viscosidade com a temperatura e a variação da tensão de cisalhamento com a taxa de cisalhamento para o óleo de girassol, óleo de soja e óleo de girassol alto oleico. Da análise dos dados obtidos resulta que entre os três óleos há diferenças muito pequenas das evoluções da viscosidade com a temperatura e da tensão de cisalhamento com a velocidade de cisalhamento. Um estudo [43] sobre a variação da viscosidade com a temperatura, para os óleos de soja, girassol, azeitona, amendoim, canola e milho, mostrou que o óleo de soja tem a menor variação da viscosidade com a temperatura, seguido do óleo de milho, óleo de canola, óleo de avelã, óleo de girassol, enquanto o óleo de azeitona tem a maior variação. No presente trabalho, foi realizado um estudo comparativo da variação da viscosidade com a temperatura e taxa de cisalhamento para óleos de colza obtidos em diversas etapas de fabricação. Houve pequenas diferenças entre as variações da viscosidade com a temperatura e a taxa de cisalhamento. Yilmaz [44] analisou o comportamento reológico do óleo de girassol, óleo de soja, óleo de amendoim e óleo vegetal usado. A uma temperatura de 20°C, o óleo de amendoim apresenta a maior viscosidade, seguido a uma grande distância pelo óleo usado e pelo óleo de girassol, sendo que a menor viscosidade é obtida no caso do óleo de soja. Com o aumento da temperatura, a diferença entre a viscosidade do óleo de amendoim e a viscosidade dos outros óleos torna-se mais baixa e chega-se ao ponto de, à temperatura de 120°C, as diferenças entre as viscosidades dos quatro óleos vegetais serem insignificantes.

CAPÍTULO 2

COMPORTAMENTO REOLÓGICO DE ALGUNS ÓLEOS VEGETAIS NÃO ADITIVOS

2.1. Noções introdutórias

O fluxo é uma deformação contínua do fluido que ocorre quando a resultante das forças que actuam sobre o fluido é diferente de zero. Historicamente, a teoria clássica da dinâmica dos fluidos desenvolveu-se através de estudos teóricos de Pascal (em 1663), Bernoulli (em 1738) e Euler (em 1755) sobre um fluido viscoso - o fluido ideal ou fluido de Pascal. O fluido de Pascal é um fluido que escoa mesmo que a tensão de cisalhamento seja nula. Este fluido não tem viscosidade, sendo um fluido ideal que não pode ser encontrado entre os fluidos reais. Os fluidos ideais (sem viscosidade) ou fluidos de Pascal são, portanto, meios homogéneos sem viscosidade, ou seja, não resistem à deformação.

A prática refutou os resultados baseados no modelo do fluido ideal. Assim, verificou-se que, na realidade, o consumo de energia necessário para o transporte ou a mistura de fluidos é superior ao calculado na hipótese do fluido ideal. Na primeira parte do século XX, Ludwig Prandtl tentou ultrapassar as deficiências das teorias baseadas no modelo de fluido sem viscosidade, introduzindo o conceito de camada limite hidrodinâmica.

De acordo com esta teoria, na interface entre um fluido e uma superfície sólida forma-se uma zona em que as interacções entre o fluido e o sólido se manifestam como forças de resistência que se opõem ao escoamento. Fora da camada limite, o escoamento é desprovido de resistências internas, deixando válidas as equações de escoamento dos fluidos ideais. Os fluidos reais são os fluidos que resistem à deformação e à subida, devido às forças de atrito entre as camadas. A intensidade destas forças é expressa pela viscosidade dinâmica dos fluidos, podendo assim concluir-se que os fluidos reais têm viscosidade.

Para muitos fluidos, a viscosidade depende apenas dos parâmetros de estado (temperatura e pressão) e não depende dos parâmetros das tensões a que o fluido está sujeito (tensão de cisalhamento e taxa de cisalhamento). Estes fluidos são designados por fluidos newtonianos. O desenvolvimento de novas indústrias, tais como: indústria da borracha, moldes de plástico, fibras sintéticas, etc., indicou que existem também fluidos cuja viscosidade depende dos parâmetros das tensões e, por vezes, do tempo. Estes fluidos reais foram designados por fluidos não-newtonianos.

Do ponto de vista reológico, os fluidos podem ser estudados se forem sujeitos a um cisalhamento contínuo a uma velocidade constante. Idealmente, este cisalhamento pode ser entendido usando duas placas paralelas, localizadas a uma distância h uma da outra, tendo um fluido real no espaço entre as placas (figura 7). Se for aplicada uma força externa, esta deslocar-se-á sobre a placa superior na direção da força a uma velocidade constante u que depende do valor da força. Por sua vez, a placa inferior está fixa. A velocidade da placa superior pode ser definida como uma variação infinitesimal da posição num intervalo de tempo extremamente curto $S\,L\,/\,S\,t$. A força que actua paralelamente à placa superior induz uma tensão de corte m na placa superior, uma placa que pode ser considerada como uma camada de fluido de espessura infinitesimal.

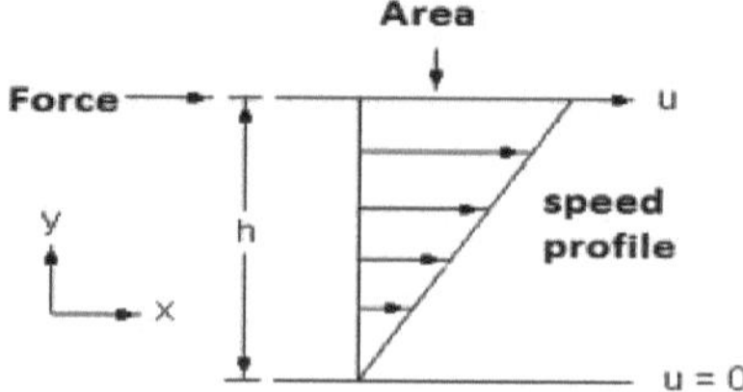

Figura 7. Perfil de velocidade entre placas paralelas

Devido às forças de adesão entre o fluido e o sólido, a camada de fluido adjacente à placa superior deslocar-se-á com a placa a uma velocidade igual à da placa. Esta camada moverá, devido às forças de coesão molecular, a camada inferior adjacente a ela, mas a uma velocidade menor, de modo que o movimento será transmitido de perto para perto, através da massa fluida entre as duas placas. Como não há deslizamento na fronteira sólida, a camada de fluido adjacente à placa inferior tem velocidade zero.

O escoamento descrito acima é um cisalhamento estacionário simples, e a taxa de cisalhamento é definida pela taxa de variação da deformação:

$$\dot{\gamma} = \frac{d\gamma}{dt} = \frac{d}{dt}\left(\frac{\delta L}{h}\right) = \frac{u}{h} \tag{1}$$

Esta definição só pode ser aplicada ao escoamento laminar entre placas paralelas [1]. O fluxo laminar é o fluxo durante o qual as partículas líquidas se movem rectilinearmente e paralelamente umas às outras. Se esta condição não for cumprida, o escoamento torna-se turbulento. Se todas as quantidades que influenciam o escoamento não dependerem do tempo, o escoamento é estacionário. Caso contrário, o pensamento é não-estacionário [2].

2.2. Metodologia, materiais e equipamentos utilizados

Os estudos sobre a reologia dos óleos vegetais e os factores que influenciam a sua viscosidade são actuais devido ao interesse dos especialistas na utilização de lubrificantes e combustíveis mais "amigos do ambiente" e como alternativa aos produtos petrolíferos esgotados [45,46].

Para determinar a variação da viscosidade com a temperatura e a taxa de cisalhamento, foi utilizada a instalação Rheotest (figura 8), localizada no laboratório de física-física da Faculdade de Química da Universidade de Bucareste.

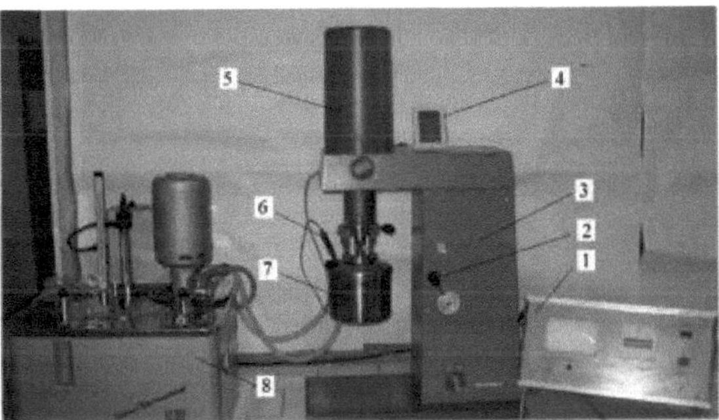

Figura 8. Instalação do Rheotest Haake 550, vista geral

A instalação do Rheotest Haake 550 é composta principalmente por: 1 - módulo de controlo e medição, 2 - interrutor de velocidade, 3 - carroçaria, 4 - termómetro eletrónico, 5 - conjunto do motor, 6 - sonda do termómetro, 7 - caixa do cilindro , 8 - banho termostático.

No interior do invólucro (7) encontram-se dois cilindros coaxiais, um fixo, integrado no corpo da instalação, o outro móvel, acionado pelo veio do motor. O óleo a ensaiar é introduzido entre os dois cilindros. A resistencia oposta do fluido ao movimento de rotação é transformada num sinal elétrico, que é captado pelo módulo eletrónico, depois é comparado em valor com base no princípio da queda de tensão numa resistência eléctrica de valor elevado e apresentado pelo instrumento de medição (1). valores.Pentru a determina vascozitatea dinamica se utilizeaza formula:

$$\eta = z x \, \alpha x f \tag{2}$$

em que: z - constante do cilindro rotativo, expressa em dyn cm2 (div.scal) -1;

α - valor lido na instalação; f - um fator de correção.

Foram obtidos óleos vegetais de soja, de colza, de azeitona e de girassol, obtidos por processos de transformação mecânica.

Para estes óleos, a viscosidade dinâmica foi determinada para a gama de temperaturas entre 40^0 C e 100^0 C, de 10^0 C a 10^0 C e taxas de cisalhamento entre 3,3 s^{-1} e 120 s^{-1} .

2.3. Estudo reológico de óleos vegetais não aditivos

2.3.1. Relações que descrevem a variação da viscosidade dinâmica com a taxa de cisalhamento

A viscosidade diminui com o aumento da taxa de cisalhamento. A diminuição da viscosidade é muito mais pronunciada em taxas de cisalhamento baixas. À medida que a taxa de cisalhamento aumenta, são observadas diminuições relativamente pequenas na viscosidade dinâmica.

$$\eta = \eta_0 + A_1 \exp(-\dot{\gamma}/t_1) \tag{3}$$

$$\eta = \eta_0 + A_1 \exp(-\dot{\gamma}/t_1) + A_2 \exp(\dot{\gamma}_0/t_2) \tag{4}$$

Em que A, A1, B2, t1, t2 são os parâmetros que dependem das condições de trabalho e do modo como as determinações são efectuadas. Estes valores dependem do tipo de cada óleo.

2.3.2. Relações que descrevem a variação da viscosidade dinâmica com a temperatura

A viscosidade dos óleos diminui com o aumento da temperatura e da taxa de cisalhamento. A temperaturas elevadas, o óleo é menos viscoso devido à orientação das moléculas no óleo.

$$\eta = \eta_0 + A_1 \exp(t/t_1) \tag{5}$$

$$\eta = \eta_0 + A_1 \exp(-t/t_1) + A_2 \exp(t/t_2) \tag{6}$$

em que t é a temperatura em graus Celsius e A1, A2, t1 e t2 são os parâmetros que dependem das condições de trabalho e do modo como as determinações são efectuadas.

Para apoiar as observações relativas à variação da viscosidade com a temperatura, foi utilizada a equação de Andrade [47, 48]:

$$\eta = A \exp^{\frac{B}{T}} \tag{7}$$

em que T é a temperatura absoluta e As e B são constantes do material. Pelo logaritmo da equação (7), a equação (8) resulta na forma:

$$\ln \eta = \ln A + \frac{B}{T} \tag{8}$$

A última equação é utilizada para linearizar a equação (8). Aplicando o método dos mínimos quadrados aos resultados experimentais e considerando que 1 / T é uma variável de temperatura, obtêm-se os valores dos coeficientes de correlação próximos do valor 1.

Esteban [49] recomenda a utilização da equação asiática (9) [50], que deriva da equação (8), sendo esta última útil quando se pretende analisar a variação da viscosidade em grandes intervalos de temperatura.

$$\ln \eta = \ln A + \frac{B}{T} + \frac{C}{T^2} \tag{9}$$

Não é necessário procurar uma função polinomial de ordem superior porque os coeficientes de correlação são suficientemente elevados, com valores entre 0,99960 e 0,99998.

A equação asiática aproxima-se muito bem dos dados experimentais e pode ser utilizada para determinar a variação da viscosidade dos óleos com a temperatura.

2.3.3. Determinação das equações que descrevem a evolução da taxa de cisalhamento em

função da tensão de cisalhamento a diferentes temperaturas

Os modelos reológicos que descrevem a evolução da taxa de cisalhamento em função da tensão de cisalhamento a diferentes temperaturas para os óleos estudados são:

Bingham:
$$\tau = \tau_0 + \eta\,\dot\gamma \tag{10}$$

Casson:
$$\tau^{1/2} = \tau_0^{1/2} + \eta^{1/2}\,\dot\gamma^{1/2} \tag{11}$$

Ostwald-de Waele:
$$\tau = k\,\dot\gamma^{\,n} \tag{12}$$

e Herschel-Bulkley:
$$\tau = \tau_0 + k\,\dot\gamma^{\,n} \tag{13}$$

em que τ é a tensão de cisalhamento, τ_0 – tensão de cedência, η - viscosidade, $\dot\gamma$ - taxa de cisalhamento, n - índice de fluxo e k - índice de consistência.

Variatia parametrilor reologici va fi descrisa in partea a doua a capitolului.

2.4. Estudo da viscosidade dinâmica com a taxa de cisalhamento de óleos não aditivos

2.4.1. Óleo de petróleo

Os gráficos 9-11 mostram uma diminuição da viscosidade dinâmica com a taxa de cisalhamento para o azeite de oliva em temperaturas entre 40-1000C, e em altas taxas de cisalhamento a viscosidade permanece quase constante.

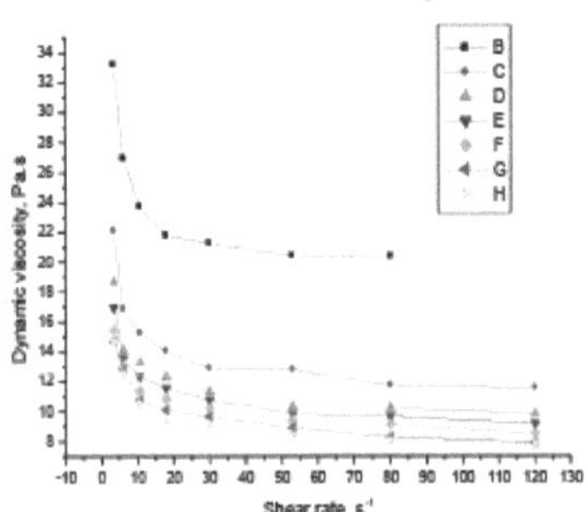

Figura 9. Dependência da viscosidade dinâmica versus taxa de cisalhamento nas temperaturas B- 40^0 C, C-50^0 C, D-60^0 C, E- 70^0 C, F-80^0 C, G-90^0 C e H-100 C^0

Analisando os gráficos da figura 9 podemos observar: no caso do azeite ensaiado a 40°C, uma diminuição da viscosidade dinâmica em 67,44% em toda a gama de velocidades de cisalhamento, para as mesmas condições de ensaio. Para a temperatura de 50 °C, a viscosidade dinâmica do azeite é a mais fortemente influenciada pela velocidade de cisalhamento e observa-se uma diminuição da viscosidade dinâmica de 52,2%. Para a temperatura de ensaio de 60 °C, observa-se uma diminuição da viscosidade dinâmica de 52,87%. A uma temperatura de 70 °C, observa-se uma diminuição da viscosidade dinâmica de 54%. A uma temperatura de 100 °C, observa-se uma diminuição da viscosidade dinâmica de 53%.

Aplicando as relações (3-5) obtêm-se os seguintes valores dos parâmetros reológicos para o azeite não aditivo.

O valor do parâmetro n_0 diminui com o aumento da temperatura, o de A_i de forma semelhante e o parâmetro t1 aumenta com o aumento da temperatura. Os coeficientes de correlação têm valores entre 0,9897 e 0,9249.

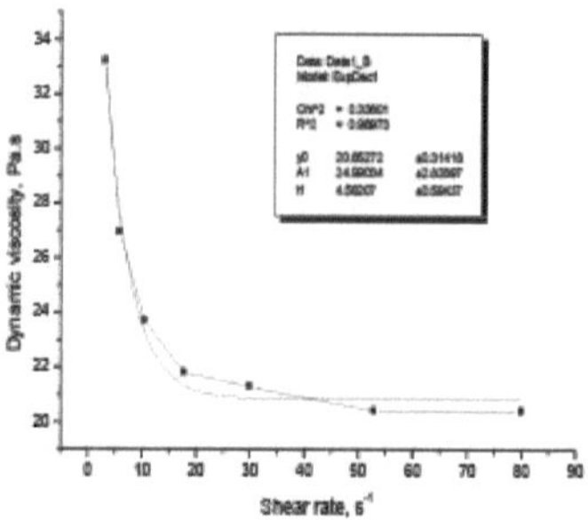

Figura 10. A correlação da viscosidade dinâmica com a taxa de cisalhamento à temperatura de 40°C para a direita para B

e iB representa o ajuste exponencial de primeira ordem para B

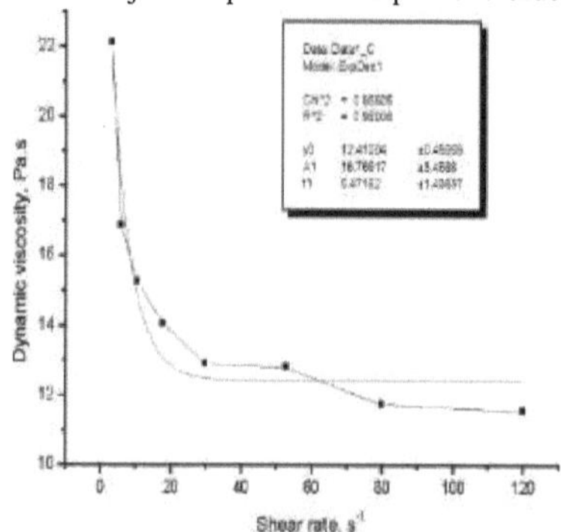

Figura 11. A correlação da viscosidade dinâmica com a taxa de cisalhamento à temperatura de 50°C para a direita para C e 1C representa o ajuste exponencial de primeira ordem para C

Tabela 5. Valores dos parâmetros reológicos característicos do modelo de escoamento (3)

Parâmetros reológicos da equação			
Temperatura, 0C	$\Pi 0$	$A1$	t1	Coeficiente de correlação, R^2
40	20.8527	24.9903	4.5621	0.9897
50	12.4120	16.7692	5.4718	0.9500
60	10.5009	11.8903	6.9083	0.9249
70	9.8328	9.7452	8.1607	0.9420
80	9.2276	8.3789	8.9731	0.9518
90	8.5519	8.3136	9.5260	0.9583
100	8.2741	9.6568	7.5863	0.9802

Como se pode ver nas Figuras 12 e 13, a viscosidade dinâmica do azeite diminui exponencialmente com o aumento da taxa de cisalhamento. Para o ajuste exponencial, são obtidas as curvas B e C e os parâmetros reológicos da tabela 6.

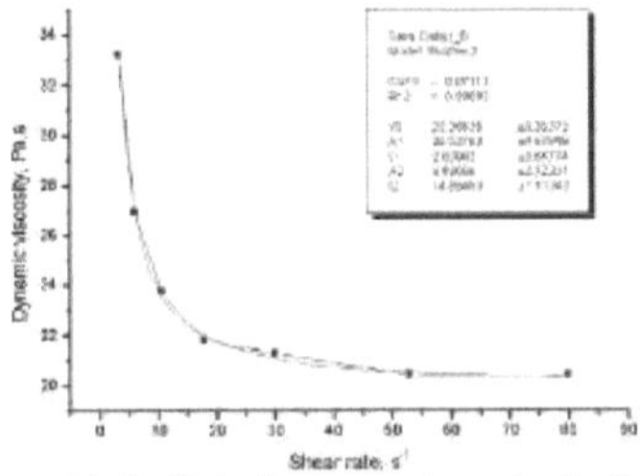

Figura 12. A correlação da viscosidade dinâmica com a taxa de cisalhamento à temperatura de 40°C para a direita para B e 1B representa o ajuste exponencial de segunda ordem para B

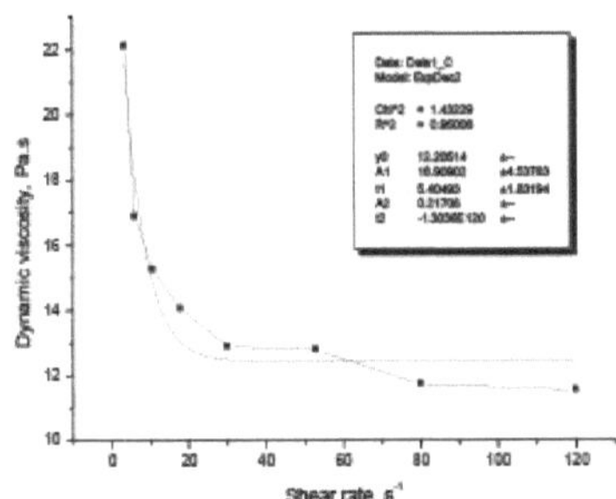

Figura 13. A correlação da viscosidade dinâmica com a taxa de cisalhamento à temperatura de 50°C
para a direita para C
e 1C representa o ajuste exponencial de segunda ordem para C

A Tabela 6 mostra os valores dos parâmetros reológicos correspondentes ao modelo de fluxo (4). Como se pode ver na tabela, os valores dos parâmetros n_0, A_i e A_2 diminuem com o aumento da temperatura e da taxa de cisalhamento. Os parâmetros t1 e t2 aumentam com o aumento da temperatura e da taxa de cisalhamento. Os coeficientes de correlação têm valores entre 0,9989 e 0,995i, portanto muito próximos de um, o que demonstra que o modelo (4) pode descrever com exatidão o comportamento reológico do azeite não aditivo estudado na gama de temperaturas de 40 e i00 °C.

Tabelul 6: Valores dos parâmetros reológicos característicos do modelo de escoamento (4)

Parâmetros reológicos da equação					
Temperatura, 0C	Π_0	A1	A2	t1	t2	Coeficiente de correlação, R^2
40	20.3566	30.0420	5.4945	2.5995	14.8452	0.9989
50	11.5814	39.6736	4.9877	1.7637	27.0312	0.9951
60	9.8354	51.9342	4.8726	1.3180	25.7819	0.9969
70	9.1924	26.9746	4.4039	1.6885	29.3649	0.9988
80	8.2421	11.5377	3.5141	3.0560	51.5689	0.9986
90	7.0810	9.3275	3.5846	4.1893	78.9255	0.9978
100	7.3205	10.1125	2.4504	4.7399	69.5435	0.9989

2.4.2. Óleo de girassol

A dependência da viscosidade dinâmica com a taxa de cisalhamento para o óleo de girassol à temperatura (as curvas pretas das Fig. i4, i5, i6, i7, i8, i9 e 20) foi um decaimento exponencial de primeira ordem, como mostrado nas figuras 14 - 20. O óleo de girassol apresenta uma diminuição exponencial da viscosidade com a taxa de cisalhamento, como se mostra na Figura 14. Os valores dos parâmetros são dados no interior da figura, o coeficiente de correlação é de 0,98973 a 40οC. O óleo de girassol tem um comportamento de fluido pseudoplástico. A dependência exponencial da viscosidade dinâmica com a temperatura para o óleo de girassol a 40^0 C é descrita pela equação (14):

$$\eta = 20.85272 + 24.99034 \exp(-\dot{\gamma} / 4.56207)$$

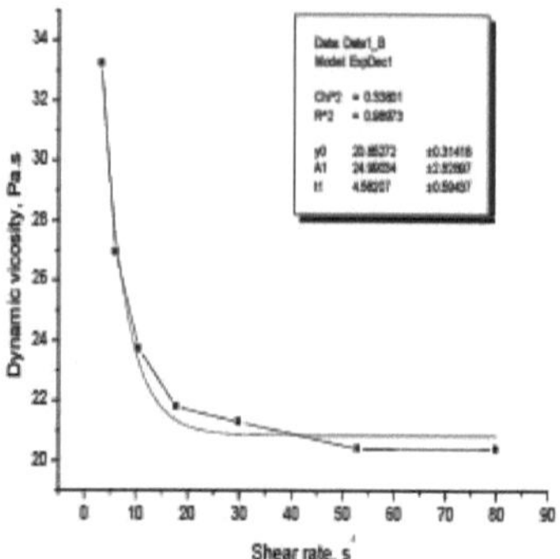

Figura 14. A dependência da viscosidade dinâmica com a taxa de cisalhamento de a 40οC e 1 B representa a exponencial de ajuste para B

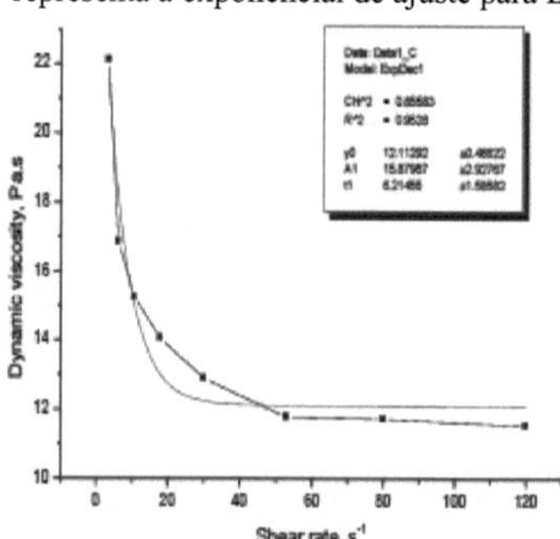

Figura 15. A dependência da viscosidade dinâmica com a taxa de cisalhamento a 50οC e 1 C representa a exponencial de ajuste para C

O óleo de girassol apresenta um decréscimo exponencial da viscosidade com a taxa de cisalhamento, como se mostra na Figura 15. Os valores dos parâmetros são dados no interior da figura, o coeficiente de correlação é de 0,9528 a 50οC, o óleo de girassol tem um comportamento de fluido pseudoplástico. A dependência exponencial da viscosidade dinâmica com a temperatura para o óleo de girassol a 50^0 C é descrita pela equação (15):

$$\eta = 12.11292 + 15.87967 \exp(-\dot{\gamma} / 6.21455) \tag{15}$$

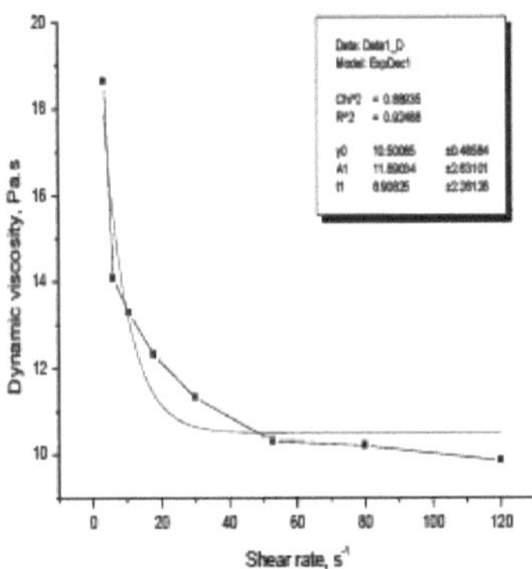

Figura 16. A dependência da viscosidade dinâmica com a taxa de cisalhamento de a 60° C e 1 D representa a exponencial de ajuste para D

O óleo de girassol apresenta um decréscimo exponencial da viscosidade com a taxa de cisalhamento, como se mostra na Figura 16. Os valores dos parâmetros são dados no interior da figura, o coeficiente de correlação é de 0,92488 a 600C. O óleo de girassol tem um comportamento de fluido pseudoplástico. A dependência exponencial da viscosidade dinâmica com a temperatura para o óleo de girassol a 60° C é descrita pela equação (16):

$$\eta = 10.50085 + 11.89034\exp(-\gamma/6.90825) \tag{16}$$

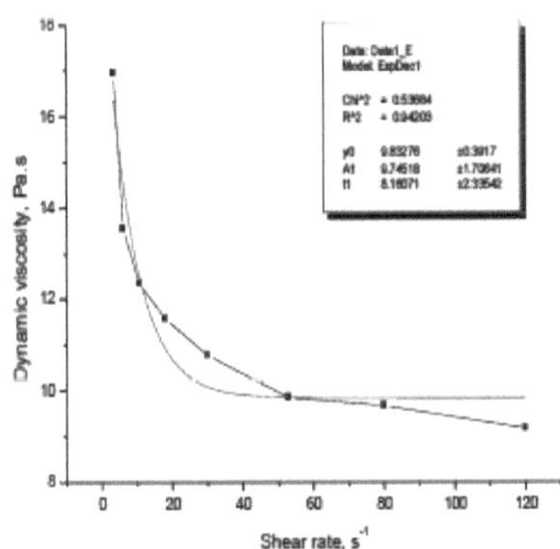

Figura 17. A dependência da viscosidade dinâmica com a taxa de cisalhamento de a 700C e 1 E representa
a exponencial de ajuste para E

O óleo de girassol apresenta um decréscimo exponencial da viscosidade com a taxa de cisalhamento, como se mostra na Figura 17. Os valores dos parâmetros são dados no interior da figura, o coeficiente de correlação é de 0,94203 a 700C o óleo de girassol tem um comportamento de fluido pseudoplástico. A dependência exponencial da viscosidade dinâmica com a temperatura para o óleo de girassol a 70^0 C é descrita pela equação (17):

$$\eta = 9.83276 + 9.74518\exp(-\dot{\gamma}/8.16071) \tag{17}$$

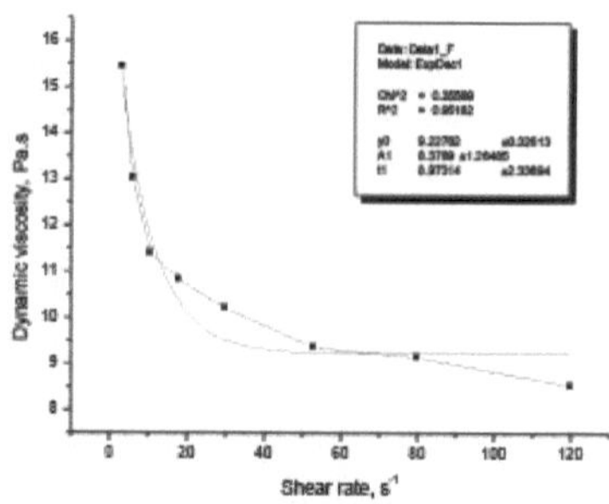

Figura 18. A dependência da viscosidade dinâmica com a taxa de cisalhamento de a 800C e 1 F representa a exponencial de ajuste para F

O óleo de girassol apresenta uma diminuição exponencial da viscosidade com a taxa de cisalhamento, como mostra a Figura 18. Os valores dos parâmetros são dados no interior da figura, o coeficiente de correlação é de 0,95182 a 800C e o óleo de girassol tem um comportamento de fluido pseudoplástico. A dependência exponencial da viscosidade dinâmica com a temperatura para o óleo de girassol a 80^0 C é descrita pela equação (18):

$$\eta = 9.22762 + 8.3789\exp(-\dot{\gamma}/8.97314) \tag{18}$$

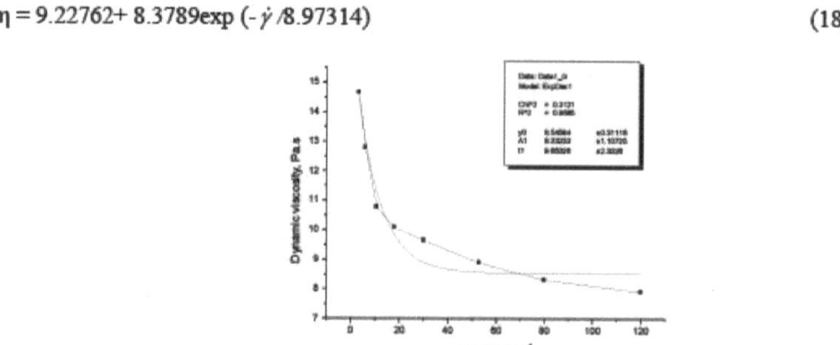

Figura 19. Dependência da viscosidade dinâmica com a taxa de cisalhamento de a 900C e 1 G representa a
exponencial de ajuste para G

O óleo de girassol apresenta uma diminuição exponencial da viscosidade com a taxa de cisalhamento, como se pode ver em

Figura 6. Os valores dos parâmetros são dados dentro da figura, o coeficiente de correlação é de 0,9585 a 900C o óleo de girassol tem um comportamento de fluido pseudoplástico. A dependência exponencial da viscosidade dinâmica com a temperatura para o óleo de girassol a 90^0 C é descrita pela equação (19):

$$\eta = 8.54584 + 8.23233\exp\left(-\dot\gamma / 9.65326\right) \tag{19}$$

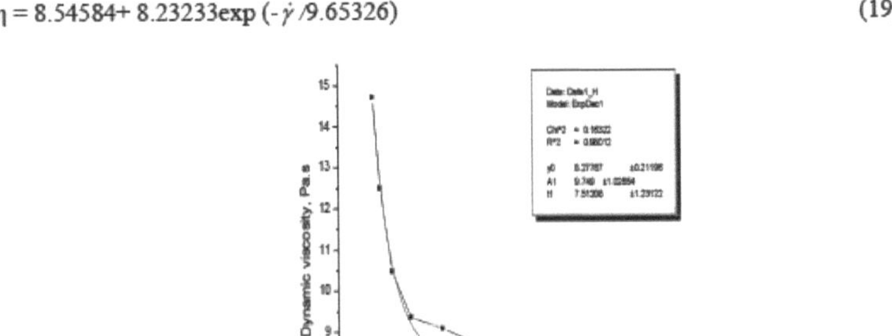

Figura 20. Dependência da viscosidade dinâmica com a taxa de cisalhamento de a 1000C e 1 H representa a exponencial de ajuste para H

O óleo de girassol apresenta um decréscimo exponencial da viscosidade com a taxa de cisalhamento, como se mostra na Figura 20. Os valores dos parâmetros são dados no interior da figura, o coeficiente de correlação é de 0,98012 a 1000C. O óleo de girassol tem um comportamento de fluido pseudoplástico. A dependência exponencial da viscosidade dinâmica com a temperatura para o óleo de girassol a 100^0 C é descrita pela equação (20):

$$\eta = 8.27767 + 9.749\exp\left(-\dot\gamma / 7.51208\right) \tag{20}$$

Os resultados analíticos mostram que o aumento da temperatura resulta na correspondente diminuição gradual da viscosidade do óleo de girassol a cada taxa de cisalhamento constante (figura 21). No entanto, as viscosidades a 800C e 900C são bastante próximas. Este resultado revela que a viscosidade do óleo de girassol não está correlacionada com a variação da taxa de cisalhamento a uma temperatura constante especial, mas está negativamente correlacionada com a temperatura a uma taxa de cisalhamento constante especial. Por conseguinte, quando o óleo de girassol é utilizado como matéria-prima para óleos alimentares e para a indústria, os procedimentos de trabalho a alta temperatura não influenciam claramente as suas características reológicas, devendo ser utilizada prioritariamente a temperatura de 800C e 900C.

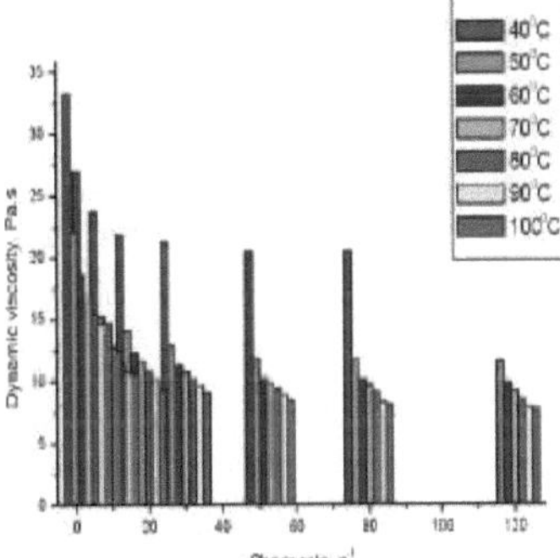

Figura 21. A dependência da viscosidade dinâmica da taxa de cisalhamento para o óleo de girassol

A figura 22 mostra a dependência da viscosidade dinâmica logarítmica em relação à taxa de cisalhamento logarítmica para os

óleo de girassoltemperaturas 40^0C, 50^0C, 60^0C, 70^0C, 80^0C, 90^0C and 100^0C.

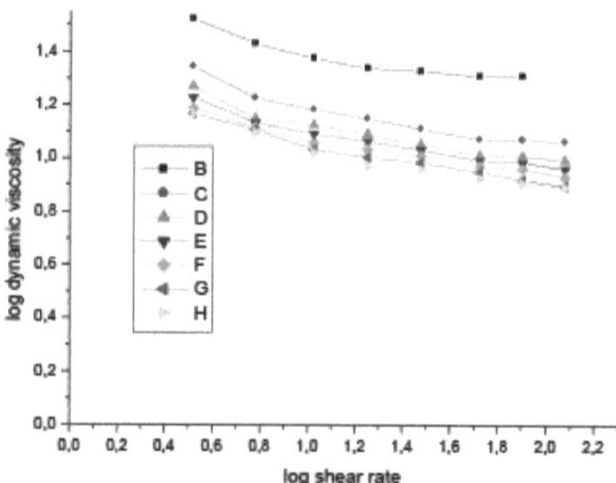

Figura 22. Dependência logarítmica da vicosidade dinâmica versus logarítmica da taxa de cisalhamento para óleo de girassol refinado a temperaturas: B - 40oC, C -50oC , D - 60oC, E - 70oC, F - 80oC, G - 90oC e H - 1000C

Como mostra o gráfico, o logaritmo da viscosidade dinâmica diminui com o aumento da taxa de cisalhamento com o aumento da temperatura.

Este livro propõe duas relações de dependência (20) e (21) da viscosidade dinâmica logarítmica em função da taxa de cisalhamento logarítmica para o óleo de girassol refinado. Os valores das constantes $\log \eta_0$, a, b, c e os coeficientes de correlação, R, foram determinados por ajuste de curvas lineares ou polinomiais obtidas para o óleo de girassol refinado.

$$log\ \eta = log\ \eta_0\ + a\ log(dy/dt) \tag{20}$$

e

$$log\ \eta = log\ \eta_0 + b\ log(dy/dt) + c\ [log\ (dy/dt)]^2 \tag{21}$$

A dependência da viscosidade dinâmica logarítmica da taxa de cisalhamento logarítmica para o óleo de girassol refinado a temperaturas de 40^0 C , 60^0 C e 70^0 C (as curvas pretas das Figuras 23, 24 e 25) foi ajustada linearmente, como mostrado nas figuras 23, 24 e 25. A dependência linear do logaritmo da viscosidade dinâmica com o logaritmo da taxa de cisalhamento para o óleo de girassol refinado a 40^0 C é descrita pela equação (20):

$$log\ \eta = 1.5519\ \text{-}0.1441\ log(dy/dt)$$

em que $log\ \eta_0 =$ 1,5519 e a = -0,1441. O coeficiente de correlação é R2 = -0,9267.

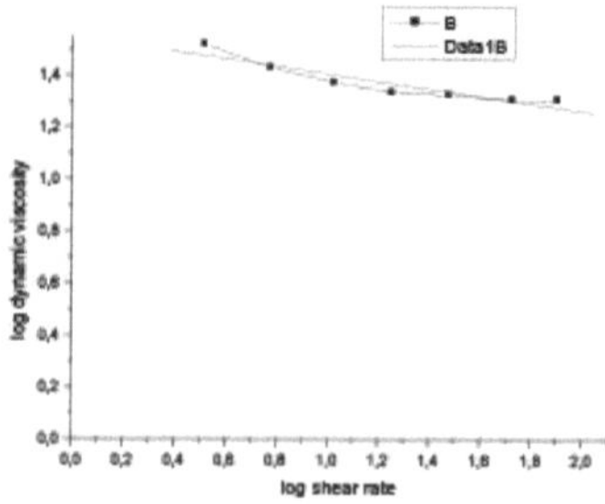

Figura 23. A dependência do log da viscosidade dinâmica no log da taxa de cisalhamento a 40^0 C para

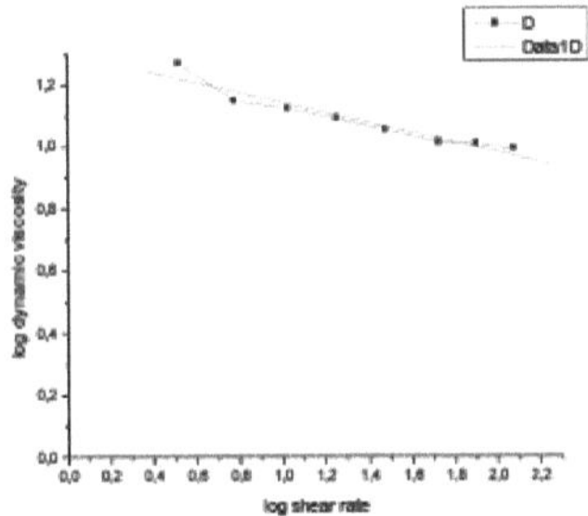

a direita para B e
1B representa o ajuste linear para B

Figura 24. A dependência do log da viscosidade dinâmica no log da taxa de cisalhamento a 60^0 C para a direita para D e 1D representa o ajuste linear para D

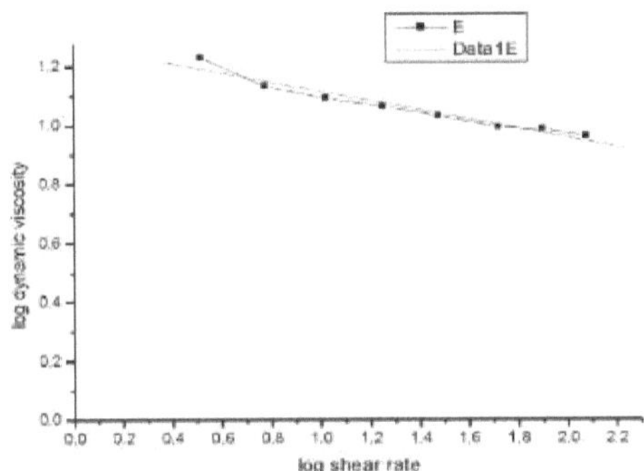

Figura 25. A dependência do log da viscosidade dinâmica no log da taxa de cisalhamento a 70^0 C para a direita para E e 1E representa o ajuste linear para E

O quadro 1 mostra o valor dos parâmetros da equação (20) do óleo de girassol refinado e o coeficiente de correlação, R. Como mostra o quadro 1, o software encontrou uma equação linear aplicada à taxa de cisalhamento do óleo de girassol refinado. A raiz do erro quadrático médio significa que os dados experimentais são equação de dispersão. O erro quadrático médio significa que os dados experimentais estão distribuídos pela equação.

Tabela 7. Temperatura, valor dos parâmetros descritos pela equação (20) e coeficiente de correlação para o óleo de girassol refinado

Temperatura, 0C	Valor dos parâmetros do descrito pela equação (20)		Coeficiente de correlação, R^2
	log Пo	a	
40	1.5519	-0.1441	-0.9267
50	1.3791	-0.1689	-0.9529
60	1.3046	-0.1613	-0.9593
70	1.2719	-0.1569	-0.9735
80	1.2386	-0.1526	-0.9805
90	1.2289	-0.1646	-0.9843
100	1.2215	-0.1707	-0.9681

Como se pode ver na Tabela 7, o log ₙₒ diminui com o aumento da temperatura para o óleo de girassol refinado. A temperatura mais elevada é de 40^0 C e a mais baixa de 100^0 C. O parâmetro que representa o declive tem valores semelhantes para todas as temperaturas estudadas. Os coeficientes de correlação têm valores próximos da unidade, o que demonstra que a equação matemática descreve muito bem o comportamento reológico do óleo de girassol refinado.

A dependência da viscosidade dinâmica logarítmica em relação à taxa de cisalhamento logarítmica para o óleo de girassol refinado à temperatura de 40^0 C, 60^0 C e 70^0 C (as curvas pretas das **Fig. 26, 27 e 28**) foi ajustada de forma polinomial, como mostram as figuras 26, 27 e 28. A dependência polinomial da viscosidade dinâmica logarítmica versus a taxa de cisalhamento logarítmica para o óleo de girassol refinado a 40^0 C é descrita pela equação (21):

$$log\ \eta = 1.7336 - 0.4931 log(dy/dt) + 0.1433\ [log\ (dy/dt)]^2$$

em que log ₙₒ = 1,7336, b = -0,4931 e c = 0,1433. O coeficiente de correlação é R_2 = 0,9943.

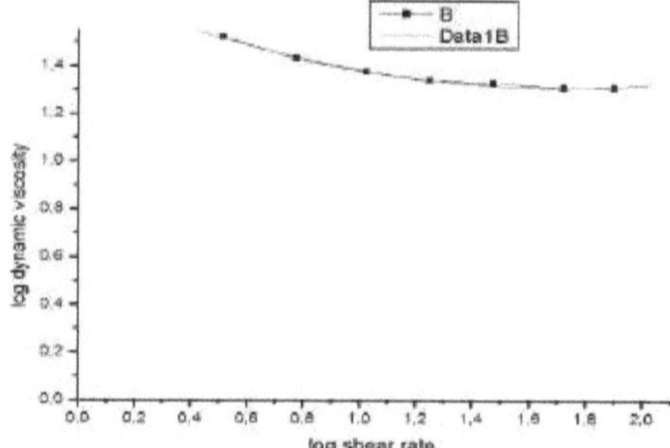

Figura 26. A dependência da viscosidade dinâmica logarítmica na taxa de cisalhamento logarítmica a 40^0 C para a direita para B e 1B representa o ajuste polinomial para B

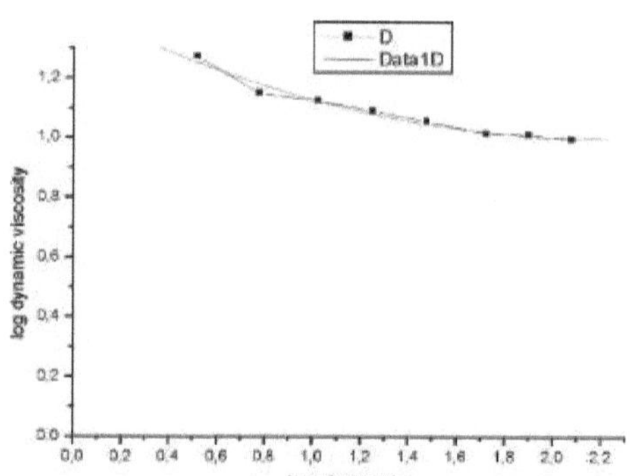

Figura 27. A dependência do log da viscosidade dinâmica no log da taxa de cisalhamento a 60^0 C para a direita para D e 1D representa o ajuste polinomial para D

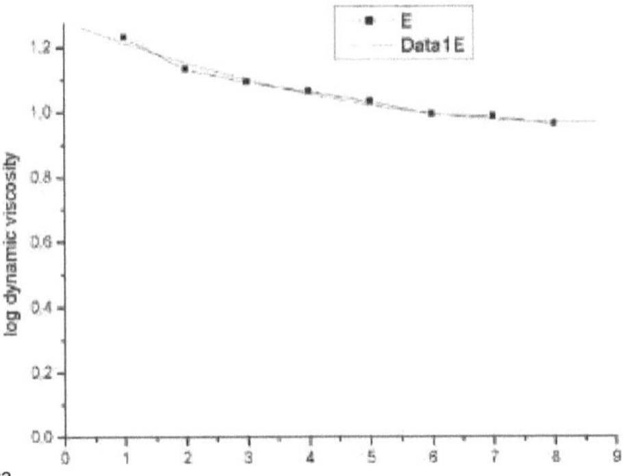

Figura 28. A dependência do log da viscosidade dinâmica no log da taxa de cisalhamento a 70^0 C para a direita para E e 1E representa o ajuste polinomial para E

A tabela 8 mostra o valor dos parâmetros da equação descrita (21) para o óleo de girassol refinado e o coeficiente de correlação, R. Como mostra a tabela 2, o software encontrou a equação polinomial aplicada à temperatura direita do óleo de girassol refinado.

Tabela 8. Temperatura, valor dos parâmetros descritos pela equação (21) e coeficiente de correlação para o óleo de girassol refinado

Temperatura, 0C	Valor dos parâmetros do descrito pela equação (21)			Coeficiente de correlação, R^2
	registo não	b	c	
40	1.7336	-0.4931	0.1433	0.9943
50	1.5426	-0.4649	0.1130	0.9869
60	1.4323	-0.3924	0.0883	0.9737
70	1.2826	-0.0737	0.0043	0.9816
80	1.3233	-0.3059	0.0586	0.9889
90	1.3070	-0.3060	0.0540	0.9891
100	1.3578	-0.4174	0.0942	0.9926

Como se pode ver na tabela 8, o log ɳo diminui com o aumento da temperatura e com o logaritmo da taxa de cisalhamento. O parâmetro b, que é o declive da equação polinomial, tem um valor quase igual para todas as temperaturas, exceto para a temperatura de 70^0 C, para a qual o valor de b é próximo de zero. O parâmetro c diminui com o aumento da temperatura; o valor mais elevado é para a temperatura de 40^0 C e o mais baixo para a temperatura de 100^0 C. Os coeficientes de correlação têm valores próximos da unidade para todas as temperaturas a que são efectuadas as determinações.

2.4.3. Óleo de colza

A viscosidade de cisalhamento dinâmica dependente da velocidade a 40^0 C, 60^0 C, 80^0 C e 90^0 C é mostrada nos gráficos seguintes. O óleo de colza refinado mostra uma diminuição exponencial da viscosidade com a taxa de cisalhamento, como mostra a Figura 28. Os valores dos parâmetros são apresentados no interior da figura, o coeficiente de correlação é de 0,99425 e a 400C o óleo de colza tem um comportamento de fluido pseudoplástico.

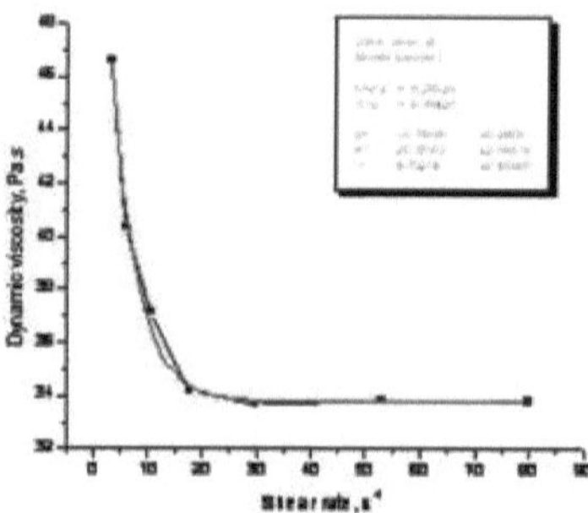

Figura 28. Relação entre a viscosidade dinâmica e a taxa de cisalhamento do óleo de colza a 400C

Em termos de temperatura de crescimento a 200C não se observam alterações significativas no comportamento do óleo de colza refinado. A Figura 29 mostra a dependência da viscosidade dinâmica com a taxa de cisalhamento para a mesma amostra de óleo de colza refinado à temperatura constante de 600C. O óleo tem comportamento pseudoplástico e o coeficiente de correlação tem o valor 0,99614.

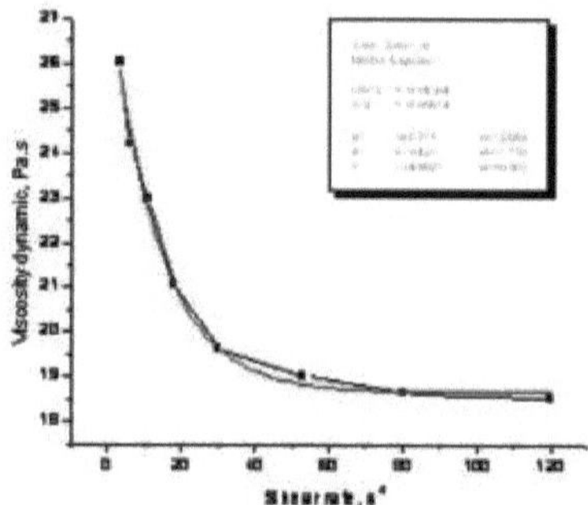

Figura 29. Relação entre a viscosidade dinâmica e a taxa de cisalhamento do óleo de colza a 600C

O pseudoplástico tem temperaturas de óleo e de reação de 800C e 900C, como se mostra nas figuras 30 e 31. Os coeficientes de correlação têm valores de 0,99479 e 0,99548.

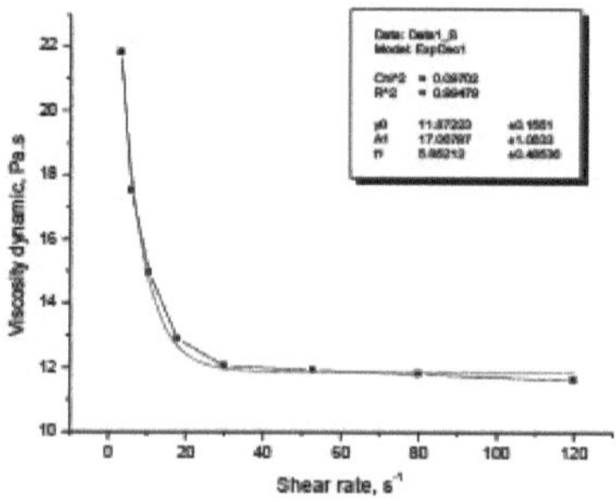

Figura 30. Relação entre a viscosidade dinâmica e a taxa de cisalhamento do óleo de colza a 800C

24

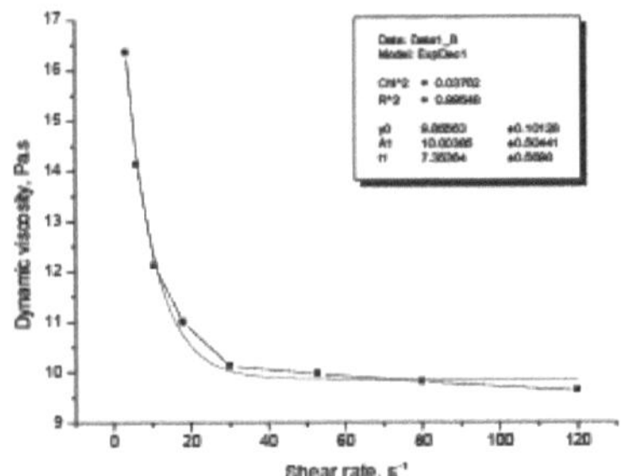

Figura 31. Relação entre a viscosidade dinâmica e a taxa de cisalhamento do óleo de colza a 900C

Os resultados analíticos mostram que o aumento da temperatura resulta na correspondente diminuição gradual da viscosidade do óleo de colza a cada taxa de cisalhamento constante (figura 32). No entanto, as viscosidades a 800C e 900C são bastante próximas. Este resultado revela que a viscosidade do óleo de colza não está correlacionada com a variação da taxa de cisalhamento a uma temperatura constante especial, mas está negativamente correlacionada com a temperatura a uma taxa de cisalhamento constante especial. Por conseguinte, quando o óleo de colza é utilizado como matéria-prima para óleos alimentares e para a indústria, os procedimentos de trabalho a alta temperatura não influenciam claramente as suas características reológicas, pelo que as temperaturas de 800C e 900C devem ser utilizadas prioritariamente.

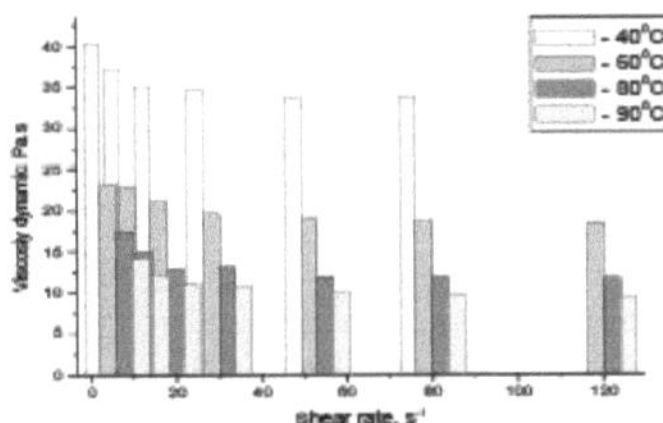

Figura 32. Relação entre a temperatura e a viscosidade do óleo de colza e a uma taxa de cisalhamento constante

A figura 33 mostra a dependência da viscosidade dinâmica logarítmica em relação à taxa de cisalhamento logarítmica para a colza estudada   000000
prensa de óleo bruto a temperaturas: 40 C, 50 C, 60 C, 70 C, 80 C e 90 C.

O óleo bruto de colza apresenta uma dependência linear do logaritmo da taxa de cisalhamento da viscosidade dinâmica para todas as temperaturas estudadas.

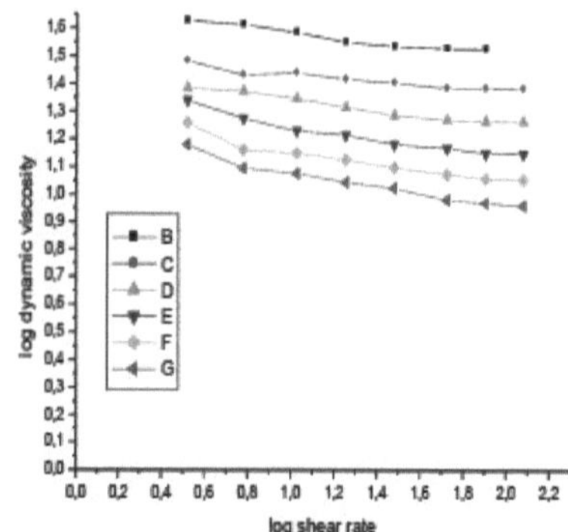

Figura 33. Dependência logarítmica da vicosidade dinâmica versus logarítmica da taxa de cisalhamento para a prensa de óleo bruto de colza a temperaturas: B - 400C, C -500C , D - 600C, E - 700C, F - 800C e G - 900C

Este livro propõe duas relações de dependência (23) e (24) da viscosidade dinâmica logarítmica em função da taxa de cisalhamento logarítmica para o óleo de colza. Os valores das constantes log Π0 , a, b, c e os coeficientes de correlação, R, foram determinados através do ajuste de curvas lineares ou polinomiais obtidas para o óleo de colza.

$$log \, \eta = log \, \eta_0 + a \, log(dy/dt) \tag{23}$$

E

$$log \, \eta = log \, \eta_0 + b \, log(dy/dt) + c \, [log \, (dy/dt)]^2 \tag{24}$$

O quadro 9 mostra o valor dos parâmetros da descrita pela equação (23) prensa de óleo bruto de colza e o coeficiente de correlação, R. Como se pode ver no quadro 1, o software encontrou uma equação linear aplicada à taxa de cisalhamento direita da prensa de óleo bruto de colza. A raiz do erro quadrático médio significa que os dados experimentais são equação de dispersão. O erro quadrático médio significa que os dados experimentais estão distribuídos pela equação.

Tabela 9. A temperatura, o valor dos parâmetros descritos pela equação (23) e o coeficiente correlação para a prensa de óleo bruto de colza

Temperatura, C^0	Valor dos parâmetros do descrito pela equação (23)		Coeficiente de correlação, R^2
	log no	a	
40	1.6665	-0.0809	-0.9676
50	1.4944	-0.0593	-0.9458
60	1.4308	-0.0878	-0.9811
70	1.3698	-0.1164	-0.9653
80	1.2815	-0.1184	-0.9532
90	1.1740	-0.0295	-0.9663

Como mostra o quadro 9, o parâmetro logno da colza bruta diminui com o aumento da temperatura. O parâmetro que representa o declive tem valores semelhantes a todas as temperaturas. Os coeficientes de correlação têm valores próximos da unidade a todas as temperaturas.

O quadro 10 mostra o valor dos parâmetros da equação descrita (24) para a prensa de óleo bruto de colza e o coeficiente de correlação, R. Como se pode ver no quadro 10, o software encontrou uma equação polinomial aplicada à temperatura correcta da prensa de óleo bruto de colza.

Tabela 10. A temperatura, o valor dos parâmetros descritos pela equação (24) e o coeficiente de correlação para a prensa de óleo bruto de colza

Temperatura, C^0	Valor dos parâmetros do descrito pela equação (24)			Coeficiente de correlação, R^2
	registo não	b	c	
40	1.7143	-0.1727	0.0377	0.9687
50	1.5352	-0.1332	0.0282	0.9339
60	1.4633	-0.1466	0.0225	0.9747
70	1.4673	-0.2929	0.0675	0.9925
80	1.3744	-0.2866	0.0643	0.9604
90	1.2209	0.0576	0.0031	0.9758

No quadro 10, o parâmetro logn0 diminui com o aumento da temperatura para a colza em bruto. Estes valores são próximos dos valores do quadro 9. O parâmetro b, que neste caso representa o declive, aumenta com o aumento da temperatura e os valores são próximos dos do quadro 9. O parâmetro c diminui com o aumento da temperatura. Os coeficientes de correlação têm valores próximos da unidade a todas as temperaturas.

A figura 34 mostra a dependência da viscosidade dinâmica logarítmica em relação à taxa de cisalhamento logarítmica para a

prensa de óleo de colza a temperaturas: 400C, 500C, 600C, 700C, 800C e 900C.

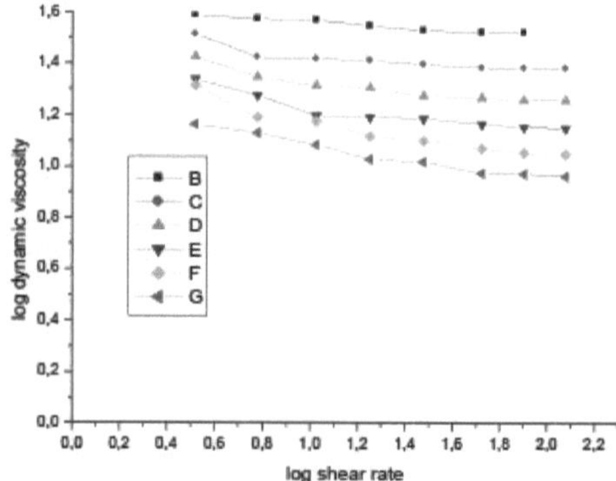

Figura 34. Dependência logarítmica da vicosidade dinâmica versus logarítmica da taxa de cisalhamento para óleo de colza degomado a temperaturas: B - 400C, C -500C , D - 600C, E - 700C, F - 800C e G - 900C

O quadro 11 mostra o valor dos parâmetros da equação (23) do óleo de colza degomado e o coeficiente de correlação, R. Como se pode ver no quadro 9, o software encontrou uma equação linear aplicada à taxa de corte do óleo de colza degomado. A raiz do erro quadrático médio significa que os dados experimentais são equação de dispersão. O erro quadrático médio significa que os dados experimentais são distribuídos pela equação.

Tabela 11. A temperatura, o valor dos parâmetros descritos pela equação (23) e o coeficiente de correlação para o óleo de colza degomado

Temperatur a, C^0	Valor dos parâmetros do descrito pela equação (23)		Coeficiente de correlação, R^2
	log пo	a	
40	1.6157	-0.0527	-0.9799
50	1.5054	-0.0684	-0.8539
60	1.4363	-0.0969	-0.9263
70	1.3549	-0.1102	-0.9149
80	1.3407	-0.1544	-0.9470
90	1.2229	-0.1355	-0.9798

No quadro 11, o parâmetro logn0 diminui com o aumento da temperatura do óleo de colza degomado. O parâmetro que representa o declive tem o valor mais elevado a 40^0 c e a temperatura mais baixa a 90^0 c. Os coeficientes de correlação têm valores próximos da unidade no óleo de colza degomado.

A tabela 12 mostra o valor dos parâmetros da equação descrita (24) para o óleo de colza degomado e o coeficiente de correlação, R. Como mostra a tabela 10, o software encontrou uma equação polinomial aplicada à temperatura correta do óleo de colza degomado.

Tabela 12. A temperatura, o valor dos parâmetros descritos pela equação (24) e o coeficiente correlação para óleo de colza degomado

Temperatur a, 0C	Valor dos parâmetros do descrito pela equação (24)			Coeficiente de correlação, R^2
	log пo	b	c	
40	1.6259	-0.0722	0.0080	0.9639
50	1.6106	-0.2587	0.0727	0.8889

60	1.5532	-0.3086	0.0809	0.9739
70	1.4940	-0.3621	0.0962	0.9609
80	1.4865	-0.4181	0.1008	0.9709
90	1.2946	-0.2651	0.0495	0.9848

No quadro 12, os valores do parâmetro logno diminuem com o aumento da temperatura do óleo de colza degomado. O parâmetro b, que neste caso é o declive, tem o valor mais elevado a 40^0 C e a temperatura mais baixa a 90^0 C. O parâmetro c tem o valor mais elevado a 80^0 C e a outras temperaturas os valores são próximos.

A Figura 35 mostra a dependência da viscosidade dinâmica logarítmica versus a taxa de cisalhamento logarítmica para o óleo de colza estudado seco a temperaturas: 400C, 500C, 600C, 700C, 800C e 900C.

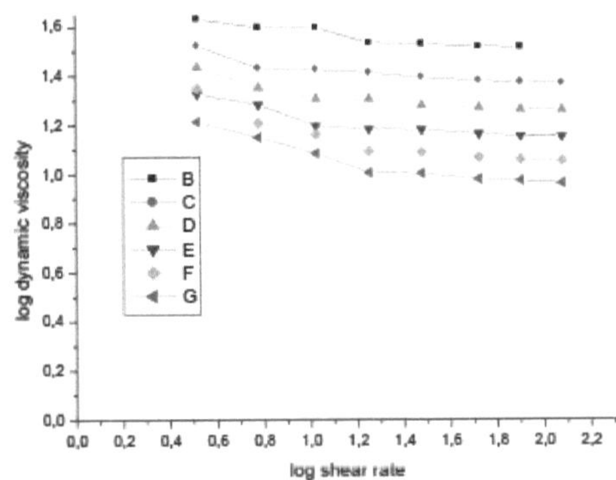

Figura 35. Dependência logarítmica da vicosidade dinâmica versus logarítmica da taxa de cisalhamento para óleo de colza seco a temperaturas: B - 400C, C -500C , D - 600C, E - 700C, F - 800C e G - 900C

O quadro 13 mostra o valor dos parâmetros da equação (23) do óleo de colza seco e o coeficiente de correlação, R. Como se pode ver no quadro 9, o software encontrou uma equação linear aplicada à taxa de cisalhamento do óleo de colza seco. A raiz do erro quadrático médio significa que os dados experimentais são equação de dispersão. O erro quadrático médio significa que os dados experimentais estão distribuídos pela equação.

Tabela 13. A temperatura, o valor dos parâmetros descritos pela equação (23) e o coeficiente correlação para óleo de colza seco

Temperatur a, C^0	Valor dos parâmetros do descrito pela equação (23)		Coeficiente de correlação, R^2
	log по	a	
40	1.6688	-0.0884	-0.9485
50	1.5239	-0.0829	-0.9052
60	1.4411	-0.0989	-0.9072
70	1.3479	-0.1066	-0.9097
80	1.3624	-0.1698	-0.9074
90	1.2611	-0.1604	-0.9438

No quadro 13, o parâmetro logno diminui com o aumento da temperatura do óleo de colza seco. O parâmetro que representa o declive tem o valor mais elevado a 40^0 C e a temperatura mais baixa a 90^0 C. Os coeficientes de correlação têm valores próximos da unidade a todas as temperaturas estudadas para o óleo de colza seco. A tabela 14 mostra o valor dos parâmetros da equação descrita (24) para o óleo de colza seco e o coeficiente de correlação, R. Como mostra a tabela 10, o software encontrou a equação polinomial aplicada à temperatura correcta do óleo de colza seco.

Tabela 14. A temperatura, o valor dos parâmetros descritos pela equação (24) e o coeficiente de correlação para o óleo de colza seco

Temperatur a, C^0	Valor dos parâmetros do descrito pela equação (24)			Coeficiente de correlação, R^2
	registo não	b	c	
40	1.7223	-0.1911	0.0422	0.9325
50	1.6199	-0.2568	0.0664	0.9212
60	1.5767	-0.3443	0.0937	0.9664
70	1.4888	-0.3615	0.0974	0.9615
80	1.6043	-0.6076	0.1672	0.9782
90	1.4316	-0.4691	0.1179	0.9840

Como se pode ver no quadro 14, o parâmetro logn0 diminui com o aumento da temperatura do óleo de colza seco. O parâmetro b, que neste caso é o declive, tem o valor mais elevado a 40^0 C e a temperatura mais baixa a 80^0 C. O parâmetro c aumenta com o aumento da temperatura do óleo de colza seco. Os coeficientes de correlação têm valores próximos da unidade a todas as temperaturas estudadas para o óleo de colza seco.

A Figura 36 mostra a dependência da viscosidade dinâmica logarítmica versus a taxa de cisalhamento logarítmica para o óleo de colza branqueado estudado nas temperaturas: 400C, 500C, 600C, 700C, 800C e 900C.

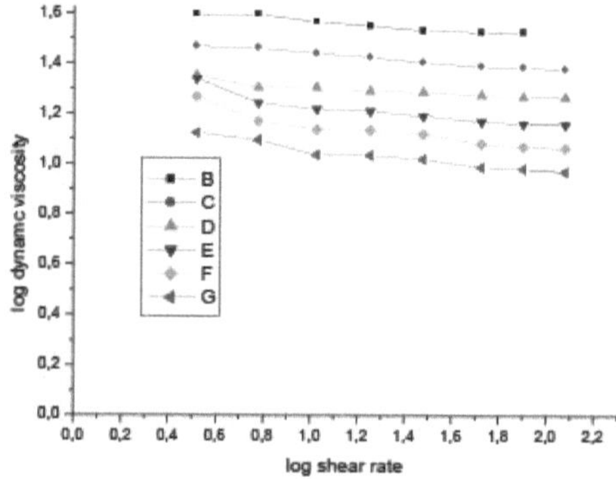

Figura 36. Dependência logarítmica da vicosidade dinâmica versus logarítmica da taxa de cisalhamento para o óleo de colza branqueado nas temperaturas: B - 400C, C -500C , D - 600C, E - 700C, F - 800C e G - 900C

A tabela 15 mostra o valor dos parâmetros da equação (23) do óleo de colza branqueado e o coeficiente de correlação, R. Como mostra a tabela 9, o software encontrou uma equação linear aplicada à taxa de cisalhamento do óleo de colza branqueado. A raiz do erro quadrático médio significa que os dados experimentais são equação de dispersão. O erro quadrático médio significa que os dados experimentais são distribuídos pela equação.

Tabela 15. A temperatura, o valor dos parâmetros descritos pela equação (23) e o coeficiente de correlação para o óleo de colza branqueado

Temperatur a, C^0	Valor dos parâmetros do descrito pela equação (23)		Coeficiente de correlação, R^2
	log ɳ0	a	
40	1.6291	-0.0600	-0.9665
50	1.5024	-0.0628	-0.9912
60	1.3560	-0.0464	-0.9349
70	1.3445	-0.0988	-0.9193

| 80 | 1.2837 | -0.1137 | -0.9385 |
| 90 | 1.1617 | -0.0964 | -0.9746 |

No quadro 15, o parâmetro logn0 diminui com o aumento da temperatura do óleo de colza branqueado. O parâmetro que representa o declive tem o valor mais elevado a 60^0 C e a temperatura mais baixa a 80^0 C. Os coeficientes de correlação têm valores próximos da unidade a todas as temperaturas estudadas para o óleo de colza branqueado.

A tabela 16 mostra o valor dos parâmetros da equação (24) do óleo de colza branqueado e o coeficiente de correlação, R. Como mostra a tabela 10, o software encontrou a equação polinomial aplicada à temperatura direita do óleo de colza branqueado.

Tabela 16. A temperatura, o valor dos parâmetros descritos pela equação (24) e o coeficiente correlação para óleo de colza branqueado

Temperatur a, 0C	Valor dos parâmetros do descrito pela equação (24)			Coeficiente de correlação, R^2
	log n_0	b	c	
40	1.6511	-0.1023	0.0174	0.9466
50	1.5091	-0.0749	0.0046	0.9835
60	1.3952	-0.1173	0.0271	0.9318
70	1.4560	-0.3006	0.0771	0.9447
80	1.3786	-0.2855	0.0656	0.9377
90	1.2116	-0.1868	0.0345	0.9735

Como se pode ver no quadro 16, o parâmetro logn0 diminui com o aumento da temperatura do óleo de colza branqueado. O parâmetro b, que neste caso é o declive, tem o valor mais elevado a 50^0 C e o mais baixo a 70^0 C. O parâmetro c varia com o aumento da temperatura do óleo de colza branqueado. Os coeficientes de correlação têm valores próximos da unidade a todas as temperaturas estudadas para o óleo de colza branqueado.

A Figura 37 mostra a dependência da viscosidade dinâmica logarítmica versus a taxa de cisalhamento logarítmica para o óleo de colza refinado estudado nas temperaturas: 400C, 500C, 600C, 700C, 800C e 900C.

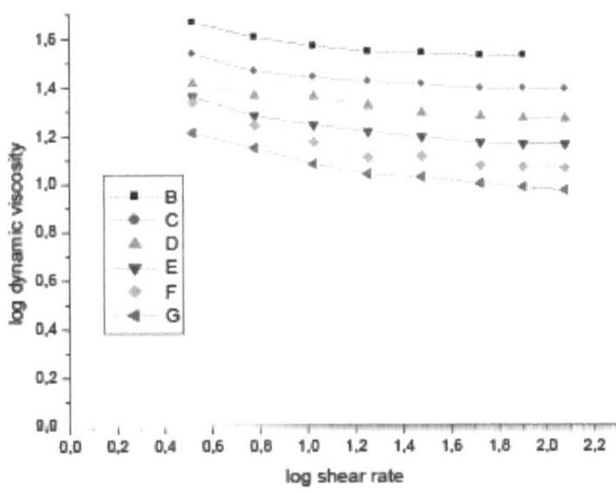

Figura 37. Dependência logarítmica da viscosidade dinâmica versus logarítmica da taxa de cisalhamento para óleo de colza refinado a temperaturas: B - 400C, C -500C, D - 600C, E - 700C, F - 800C e G - 900C

A tabela 17 mostra o valor dos parâmetros da equação descrita (23) para o óleo de colza refinado e o coeficiente de correlação, R. Como mostra a tabela 9, o software encontrou uma equação linear para a taxa de cisalhamento aplicada no óleo de colza refinado. A raiz do erro quadrático médio significa que os dados experimentais são equação de dispersão. O erro quadrático médio significa que os dados experimentais estão a ser distribuídos.

Tabela 17. A temperatura, o valor dos parâmetros descritos pela equação (23) e o coeficiente correlação para óleo de colza refinado

Temperatur a, C^0	Valor dos parâmetros do descrito pela equação (23)		Coeficiente de correlação, R^2
	log ηo	a	
40	1.6866	-0.0940	-0.9195
50	1.5461	-0.0849	-0.9242
60	1.4508	-0.0957	-0.9747
70	1.3858	-0.1194	-0.9499
80	1.3712	-0.1650	-0.9347
90	1.2583	-0.1473	-0.9653

No quadro 17, o parâmetro logηo diminui com o aumento da temperatura do óleo de colza refinado. O parâmetro que representa o declive tem o valor mais elevado a 50^0 C e a temperatura mais baixa a 80^0 C. Os coeficientes de correlação têm valores próximos da unidade em todas as temperaturas estudadas do óleo de colza refinado.

A tabela 18 mostra o valor dos parâmetros da equação descrita (24) para o óleo de colza refinado e o coeficiente de correlação, R. Como se pode ver na tabela 10, o software encontrou uma equação polinomial aplicada à temperatura correcta do óleo de colza refinado.

Tabela 18. A temperatura, o valor dos parâmetros descritos pela equação (24) e o coeficiente de correlação para o óleo de colza refinado

Temperatur a, C^0	Valor dos parâmetros do descrito pela equação (24)			Coeficiente de correlação, R^2
	registo não	b	c	
40	1.8109	-0.3329	0.0981	0.9924
50	1.6516	-0.2758	0.0729	0.9759
60	1.5041	-0.1920	0.0368	0.9772
70	1.5101	-0.3443	0.0859	0.9928
80	1.5663	-0.5181	0.1349	0.9870
90	1.3817	-0.3707	0.0853	0.9924

Como se pode ver no quadro 18, o parâmetro logn0 diminui com o aumento da temperatura do óleo de colza refinado. O parâmetro b, que neste caso é o declive, tem o valor mais elevado a 60^0 C e a temperatura mais baixa a 80^0 C. O parâmetro c varia com a temperatura do óleo de colza refinado. Os coeficientes de correlação têm valores próximos da unidade a todas as temperaturas estudadas do óleo de colza refinado.

2.4.4 Óleo de soja

A dependência da viscosidade dinâmica com a taxa de cisalhamento para o óleo de soja à temperatura (as curvas pretas das Fig. 38, 39, 40, 41, 42 e 43) foi um decaimento exponencial de primeira ordem, como mostrado nas figuras 38, 39, 40, 41, 42 e 43.

A dependência exponencial da viscosidade dinâmica com a taxa de cisalhamento para o óleo de soja a 313K é descrita pela equação (25):

$$\eta = 15.57762 + 43.80594 \exp(-\dot{\gamma}/3.18764) \tag{25}$$

A dependência exponencial da viscosidade dinâmica com a taxa de cisalhamento para o óleo de soja a 323K é
descrito para a equação (26):

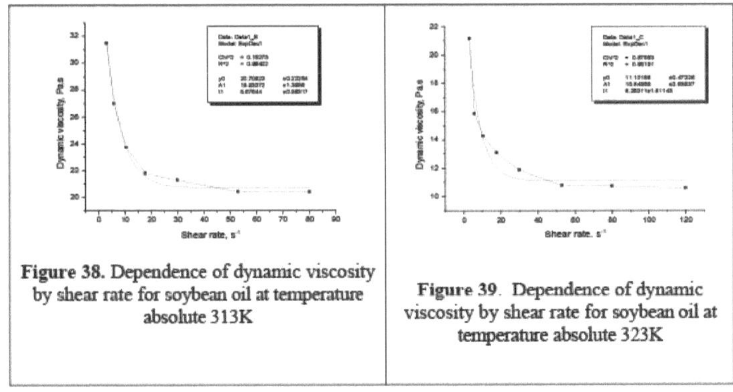

Figura 38. Dependência da viscosidade dinâmica pela taxa de cisalhamento para o óleo de soja à temperatura absoluta de 313K

Figura 39. Dependência da viscosidade dinâmica pela taxa de cisalhamento para o óleo de soja à temperatura absoluta de 323K

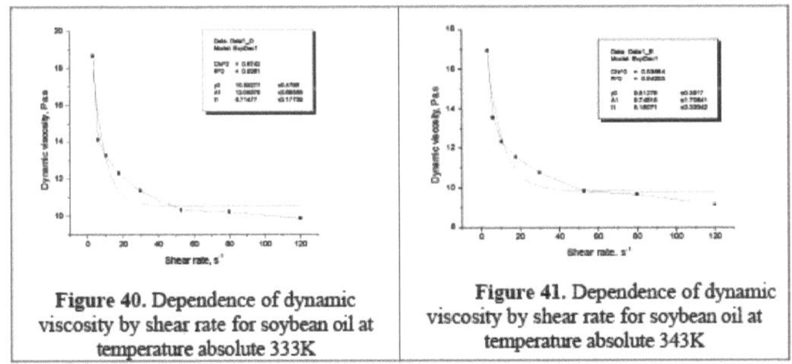

Figura 40. Dependência da viscosidade dinâmica pela taxa de cisalhamento para o óleo de soja à temperatura absoluta de 333K

Figura 41. Dependência da viscosidade dinâmica pela taxa de cisalhamento para o óleo de soja à temperatura absoluta de 343K

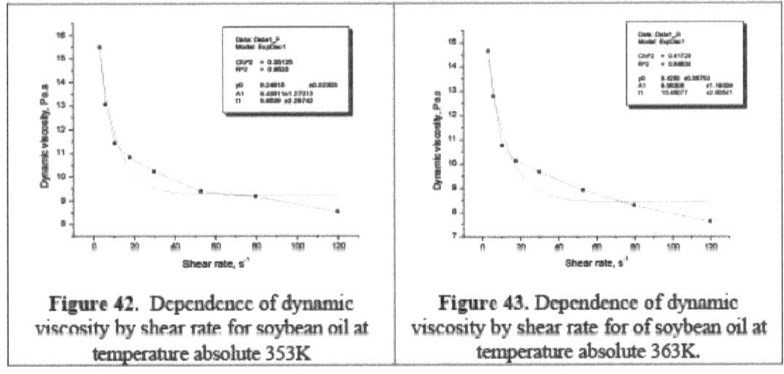

Figura 42. Dependência da viscosidade dinâmica pela taxa de cisalhamento para o óleo de soja à temperatura absoluta de 353K

Figura 43. Dependência da viscosidade dinâmica pela taxa de cisalhamento para o óleo de soja à temperatura absoluta de 363K.

Tabela 19. Resultados obtidos a partir da modelação matemática dos dados do reograma do óleo de soja de To: tensão de cedência (Pa); n: índice de comportamento do fluxo; k: Índice de consistência; R^2 : coeficiente de regressão.

T, K	Herschel Bulkley			
	Para	n	k	R^2
313	19.8298	1.2624	0.8669	0.9999
323	10.2058	1.1438	0.8186	0.9998
333	9.6248	1.0997	0.8392	0.9997
343	8.9593	1.0742	0.8429	0.9994
353	8.4149	1.0482	0.8476	0.9989
363	7.4829	1.0442	0.8300	0.9975
373	7.3620	1.0371	0.8249	0.9987

Tabela 20. Resultados obtidos a partir da modelagem matemática dos dados do reograma do óleo de soja de To: tensão de escoamento (Pa); n: índice de comportamento de fluxo; k: Índice de consistência;
R^2 : coeficiente de regressão

T, K	Bingham		Ostwald de Waele		
	Para	R^2	k	n	R^2
313	19.8298	0.9999	1.2624	0.8669	0.9985
323	10.2058	0.9998	1.1438	0.8186	0.9976
333	9.6248	0.9997	1.0997	0.8392	0.9984
343	8.9593	0.9994	1.0742	0.8429	0.9990
353	8.4149	0.9989	1.0482	0.8476	0.9993
363	7.4829	0.9975	1.0442	0.8300	0.9994
373	7.3620	0.9987	1.0371	0.8249	0.9989

Tabela 21. Resultados obtidos da modelação matemática dos dados do reograma do óleo de soja de To: tensão de cedência (Pa); R2: coeficiente de regressão

T, K	Casson	
	Para	R^2
313	0.8669	0.9985
323	0.8186	0.9976
333	0.8392	0.9984
343	0.8429	0.9990
353	0.8476	0.9993
363	0.8300	0.9994
373	0.8249	0.9989

A viscosidade dinâmica do óleo de soja diminui exponencialmente com o aumento da temperatura. As curvas pretas das figuras 38, 39, 40, 41, 42 e 43 mostram que o óleo de soja é descrito pela equação de Bingham (10) com coeficientes de correlação muito próximos da unidade (0,9999) a 313 - 363 K.

2.5. Estudo da viscosidade dinâmica com a temperatura de óleos não aditivos

2.5.1 Azeite

Como se pode ver na Figura 44, a viscosidade dinâmica do azeite não aditivado diminui com o aumento da temperatura e da taxa de cisalhamento. A altas temperaturas e a altas taxas de cisalhamento, a viscosidade do azeite torna-se quase constante.

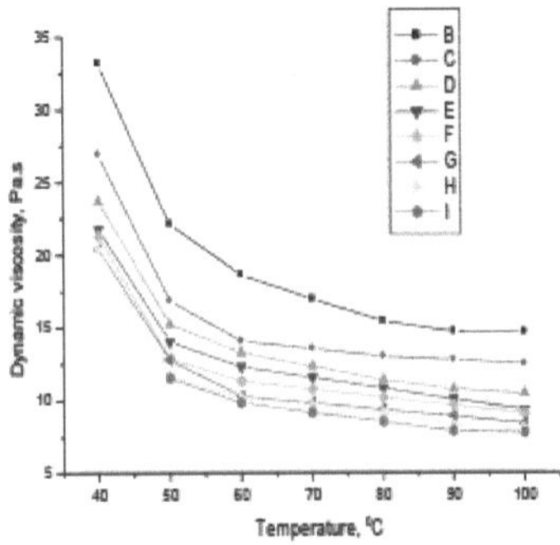

Figura 44. Dependência da viscosidade dinâmica versus temperatura na taxa de cisalhamento: B- 3,3 s-1, C-6 s-1, D- 10,6 s-1, E- 17,87 s-1, F-30 s-1, G-52,95 s-1, H-80 s-1 e I- 120 s-1

Analisando os gráficos da figura 44 podemos observar: no caso do azeite testado a uma temperatura de 50 °C, uma diminuição da viscosidade dinâmica de 52,19% em toda a gama de taxas de cisalhamento, para as mesmas condições de teste. Para a temperatura de 60°C, a viscosidade dinâmica do azeite é a mais influenciada pela taxa de cisalhamento e observa-se uma diminuição da viscosidade dinâmica de 50,17%. Para a temperatura de ensaio de 70°C, observa-se uma diminuição da viscosidade dinâmica de 54,04%. A uma temperatura de 80 ° C, observa-se uma diminuição da viscosidade dinâmica de 50%. A uma temperatura de 100°C, observa-se uma diminuição da viscosidade dinâmica de 55,57%. As tabelas 22 e 23 mostram os valores dos parâmetros reológicos obtidos pelo ajuste exponencial de primeira e segunda ordem dos dados experimentais.

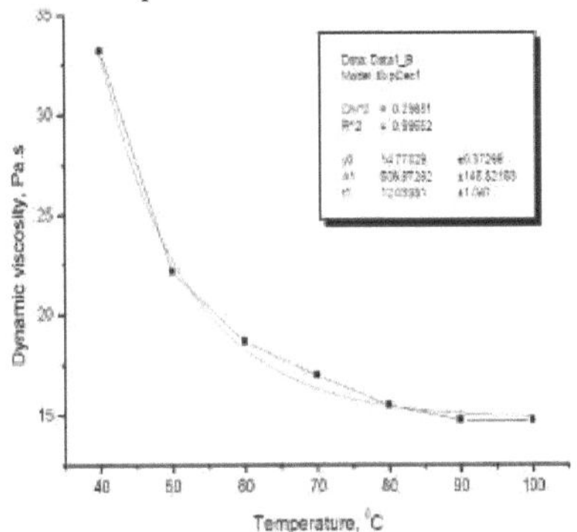

Figura 45. Dependência da viscosidade dinâmica versus temperatura a uma taxa de cisalhamento de 3,3 s^{-1} para a direita para B e 1B representa o ajuste exponencial de primeira ordem para B

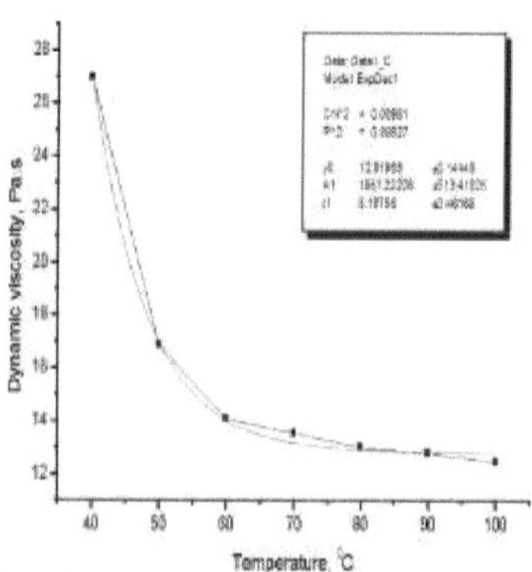

Figura 46. Dependência da viscosidade dinâmica versus temperatura à taxa de cisalhamento de 6 s^{-1}
para a direita para C e 1C representa o ajuste exponencial de primeira ordem para C

Tabelul 24. Valores dos parâmetros reológicos característicos do padrão de fluxo (5)

Parâmetros reológicos da equação			
Taxa de cisalhamento, s-1	ΠΟ	A1	t1	Coeficiente de correlação, R^2
3.3	14.7753	506.8728	12.0393	0.9955
6	12.8196	1867.2220	8.1876	0.9983
10.6	10.9340	32.5020	1.0597	0.9892
17.87	10.1289	457.7289	10.8593	0.9816
30	9.8201	1250.2267	8.5138	0.9863
52.95	8.9009	736.7593	9.6109	0.9947
80	8.2658	371.7716	11.2935	0.9670
120	7.3274	38.5502	22.3842	0.9929

Como se pode ver na Tabela 24, os valores do parâmetro ΠΟ diminuem com o aumento da taxa de cisalhamento e da temperatura, o parâmetro A1 tem valores variáveis quando aumenta quando diminui de forma semelhante e t1. Os coeficientes de correlação têm valores entre 0,9816 e 0,9983, o que demonstra que o modelo de fluxo (5) pode ser aplicado com êxito a óleos vegetais não aditivos.

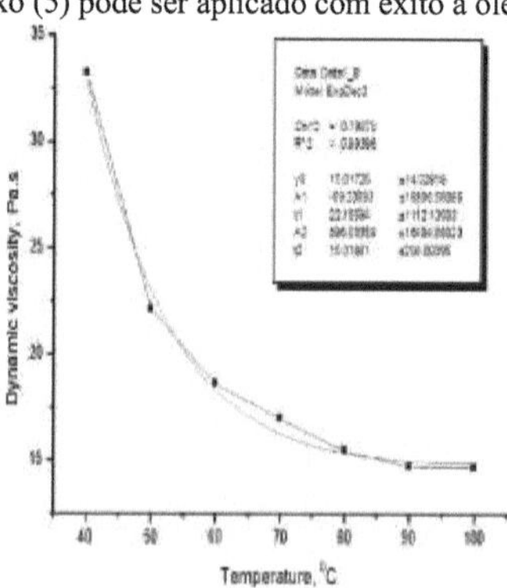

Figura 47. A correlação da viscosidade dinâmica com a temperatura à taxa de cisalhamento de 3,3 s^{-1}
para a direita para B e 1B representa o ajuste exponencial de segunda ordem para B

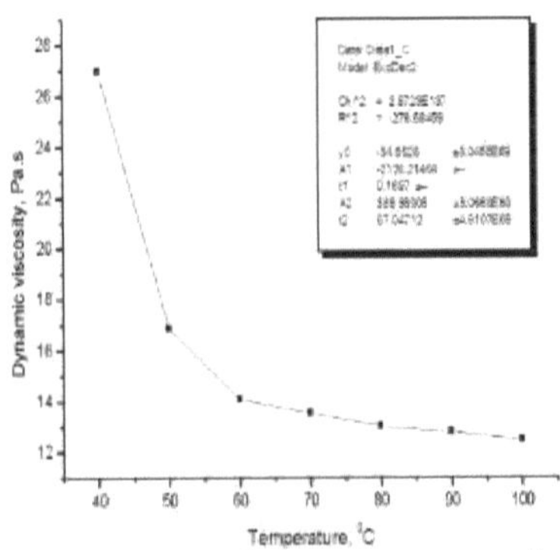

Figura 48. A correlação da viscosidade dinâmica com a temperatura à taxa de cisalhamento de 6 s^{-1} para a direita para C e 1C representa o ajuste exponencial de segunda ordem para C

Tabelul 25. Valores dos parâmetros reológicos característicos do padrão de fluxo (6)

Parâmetros reológicos da equação						
Taxa de cisalhamento, s-1	Π0	A1	A2	t1	t2	Coeficiente de correlação, R^2
3.3	15.0173	-59.2359	396.0839	22.1559	15.0184	0.9939
6	-34.6362	-2127.4089	335.2545	0.1699	67.0471	-276.4867
10.6	9.1167	94.6786	10.0165	0.3866	3.4224	0.9998
17.87	2.8419	14123.0710	15.3392	5.3447	119.8595	0.9993
30	-162.5326	42477.0631	177.0679	4.7251	3211.4956	0.9999
52.95	-3.0401	5260.1174	16.3717	6.3093	282.0651	0.9988
80	-23.7893	-1412.9603	228.4850	0.3105	67.12034	-181.9334
120	6.5771	1.52884E7	16.4178	2.9478	37.2916	0.9965

Os valores dos parâmetros reológicos característicos do modelo de fluxo (6) têm valores diferentes para cada taxa de cisalhamento e temperatura. A equação (6) não pode ser aplicada às velocidades de cisalhamento 6 e 80 s-1. Em todas as outras velocidades de corte, o modelo de escoamento (6) pode ser aplicado com sucesso ao azeite estudado.

2.5.2 Óleo de girassol

A figura 49 mostra a dependência da temperatura da viscosidade dinâmica do óleo de girassol em diferentes taxas de cisalhamento. A partir do gráfico, a viscosidade dinâmica do óleo de girassol diminui com o aumento da temperatura e da taxa de cisalhamento.

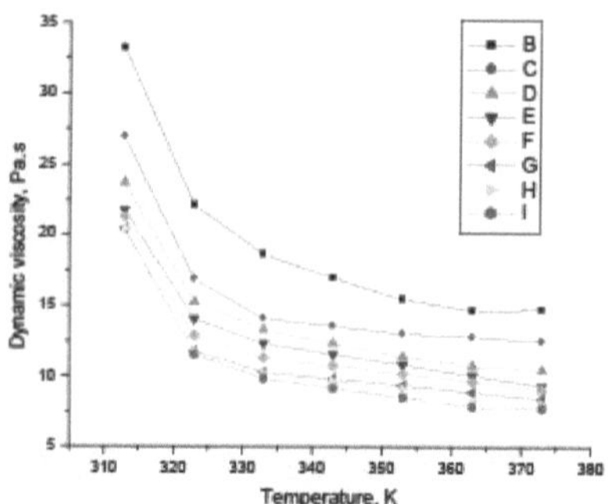

Figura 49. A viscosidade dinâmica em função da temperatura à taxa de cisalhamento: B - 3,3s-1, C - 6s-1, D - 10,6s-1, E - 17,87s-1, F - 30s-1, G - 52,95s-1, H - 80s-1, I - 120s-1

A Figura 50 mostra a dependência da viscosidade do logaritmo inverso da temperatura absoluta em diferentes taxas de cisalhamento.

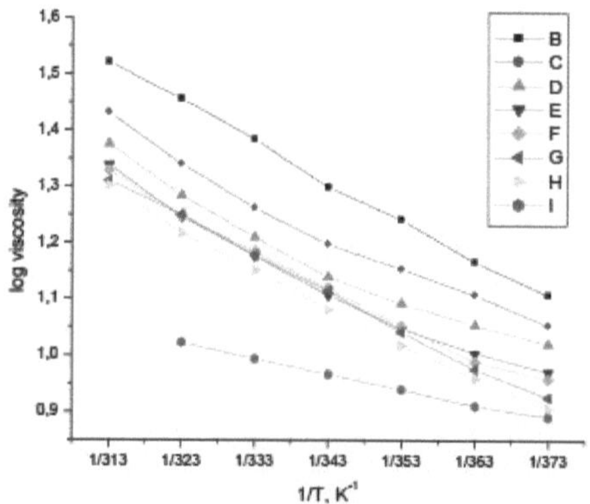

Figura 50. A dependência da viscosidade do log em relação a 1/T na taxa de cisalhamento: B - 3,3s-1, C - 6s-1, D - 10,6s-1, E - 17,87s-1, F - 30s-1, G - 52,95s-1, H - 80s-1, I - 120s-1

Para o óleo de girassol foram propostas várias relações empíricas que descrevem a viscosidade dinâmica dependente da temperatura. A mais importante delas é a equação de Andrade (7). As equações de Andrade [5, 6] são versões modificadas das equações (8) e (25) [7-12]:

$$\ln \eta = A + B/T + CT \tag{25}$$

Para elucidar o efeito da temperatura na viscosidade absoluta, foram também utilizadas as seguintes equações (4), (5), (6) e (7):

$$\log \eta = A/T - B \tag{26}$$

$$\eta = A - B \log T \tag{27}$$

$$\eta \cdot v^{1/2} = A \cdot e^{B/T} \tag{28}$$

E

$$\eta = A/v - B \qquad (29)$$

onde v significa o volume específico do óleo, T é a temperatura absoluta e A, B e C nas equações (7) a (29) são constantes de correlação. Os resultados das análises de regressão a estas relações são apresentados nas Tabelas 26, 27, 28 e 29.

Tabela 26. Valores dos parâmetros dos modelos teóricos descritos pelas equações (7) e (26) e o erro padrão da análise de regressão, R

Taxa de cisalhamento, s^{-1}	Equação (7)			Equação (26)		
	A	B	R^2	A	B	R^2
3.3	4597.3757	0.1614	0.9992	0.1614	3.6625	0.9992
6	2347.8481	0.1402	0.9903	0.1402	3.3707	0.9903
10.6	1695.4696	0.1352	0.9839	0.1352	3.2293	0.9839
17.87	1445.0072	0.1411	0.9888	0.1411	3.1599	0.9888
30	1485.2515	0.1449	0.9958	0.1449	3.1718	0.9958
52.95	1476.4543	0.1513	0.9992	0.1513	3.1692	0.9992
80	1306.4115	0.1512	0.9977	0.1512	3.1161	0.9977
120	297.2829	0.0615	0.9987	0.0615	2.4732	0.9987

Tabela 27. Valores dos parâmetros dos modelos teóricos descritos pela equação (27) e o erro padrão da análise de regressão, R

Taxa de cisalhamento, s^{-1}	Equação (27)		
	A	B	R^2
3.3	551.2847	209.8578	0.8663
6	397.1656	150.5153	0.7963
10.6	379.5386	144.2663	0.8534
17.87	350.2655	133.1242	0.8632
30	332.2721	126.2938	0.8233
52.95	320.6555	122.0588	0.8026
80	336.2426	128.2949	0.8192
120	156.8450	58.1328	0.9601

Tabela 28. Valores dos parâmetros dos modelos teóricos descritos pela equação (8) e o erro padrão da análise de regressão, R

Taxa de cisalhamento, s-1	Equação (8)			
	A	B	C	R^2
3.3	3.6625	2.5197	0.1614	0.9992
6	3.3707	2.0283	0.1402	0.9903
10.6	3.2293	1.9884	0.1352	0.9839
17.87	3.1598	2.2789	0.1411	0.9888
30	3.1718	2.3967	0.1449	0.9958
52.95	3.1692	2.6264	0.1513	0.9992
80	3.1160	2.6887	0.1512	0.9977
120	2.4732	0.0481	0.0615	0.9987

Tabela 29. Valores dos parâmetros dos modelos teóricos descritos pela equação (3) e o erro padrão da análise de regressão, R

Taxa de	Equação (25)

cisalhamento, s^{-1}	A	B	C	R^2
3.3	8.5516	2.5197	0.0161	0.9992
6	7.6188	2.0283	0.0140	0.9903
10.6	7.3249	1.9884	0.0135	0.9839
17.87	7.4352	2.2789	0.0141	0.9888
30	7.5632	2.3967	0.0145	0.9958
52.95	7.7538	2.6264	0.0151	0.9992
80	7.6972	2.6887	0.0151	0.9977
120	4.3355	0.0481	0.0062	0.9987

Nas Tabelas 26, 27, 28 e 29 apresentam-se os valores das constantes A, B e C, bem como os coeficientes de correlação, das relações empíricas R (7), (8), (25), (26) e (27). A equação (27) é adequada para descrever a dependência da viscosidade do óleo de girassol em relação à temperatura, uma vez que os valores dos coeficientes de correlação são muito inferiores a 1. As equações (7), (8), (25) e (26) são adequadas para descrever a dependência da viscosidade dinâmica do óleo de girassol em relação à temperatura, uma vez que os coeficientes de correlação estão próximos do valor

2.5.3. Óleo de colza

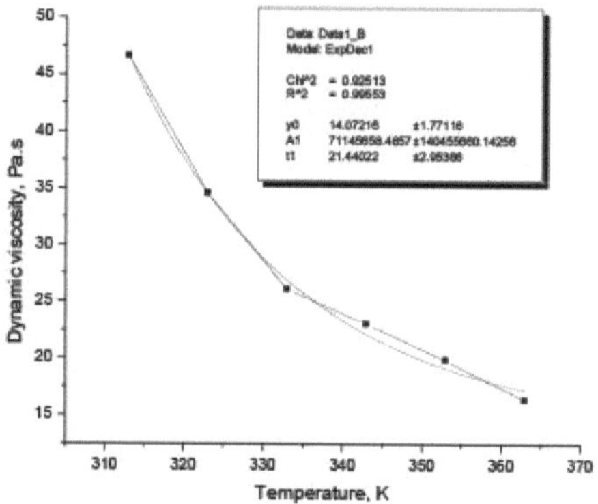

Figura 50. Dependência da viscosidade dinâmica com a temperatura para o óleo de colza refinado à taxa de cisalhamento de 3,3s-1

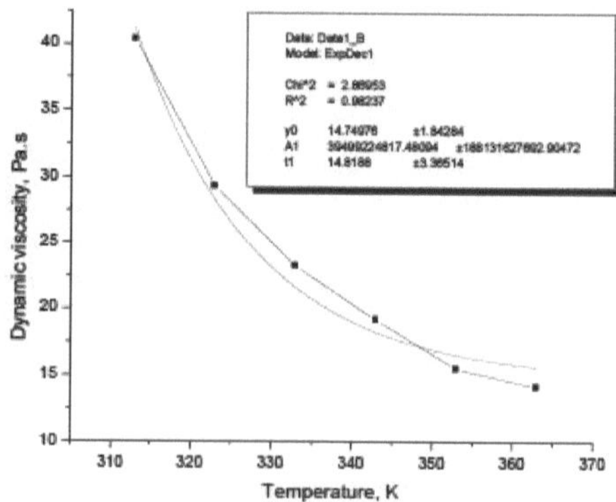

Figura 51. Dependência da viscosidade dinâmica em função da temperatura para o óleo de colza refinado à taxa de cisalhamento

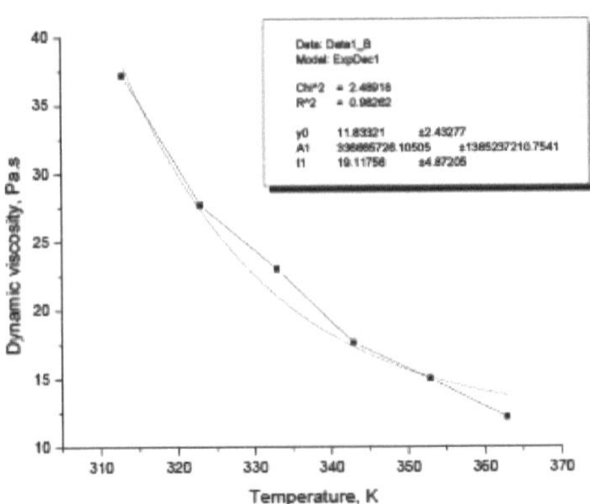

Figura 52. Dependência da viscosidade dinâmica com a temperatura para o óleo de colza refinado à taxa de cisalhamento de 10,6s-1

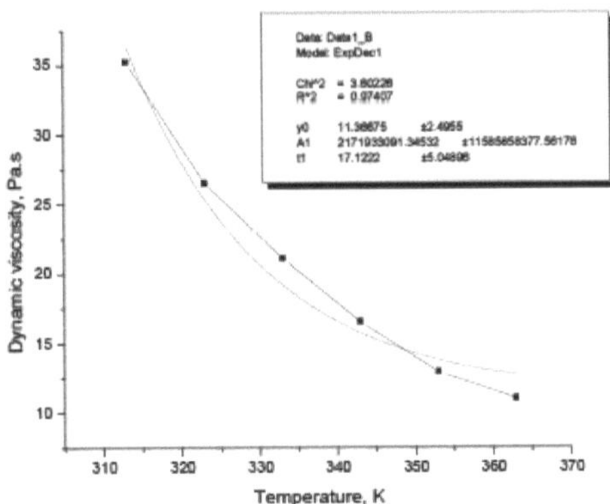

Figura 53. Dependência da viscosidade dinâmica com a temperatura para o óleo de colza refinado a uma taxa de cisalhamento de 17,87s-1

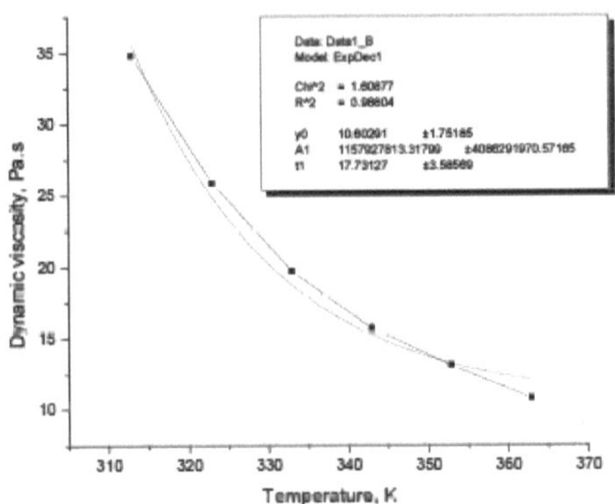

Figura 54. Dependência da viscosidade dinâmica com a temperatura para o óleo de colza refinado a uma taxa de cisalhamento de 30s-1

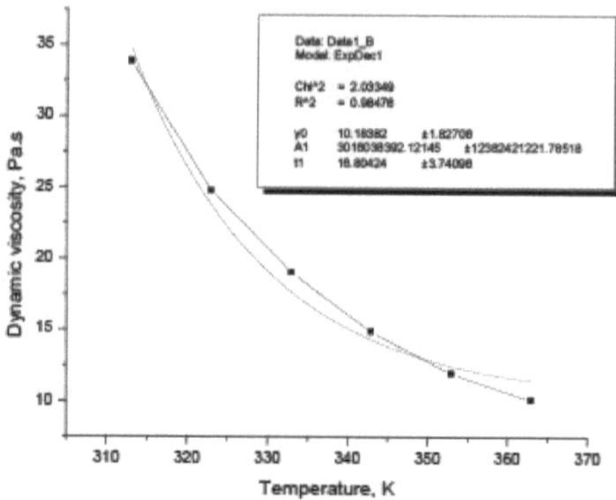

Figura 55. Dependência da viscosidade dinâmica com a temperatura para o óleo de colza refinado à taxa de cisalhamento de 52,95s-1

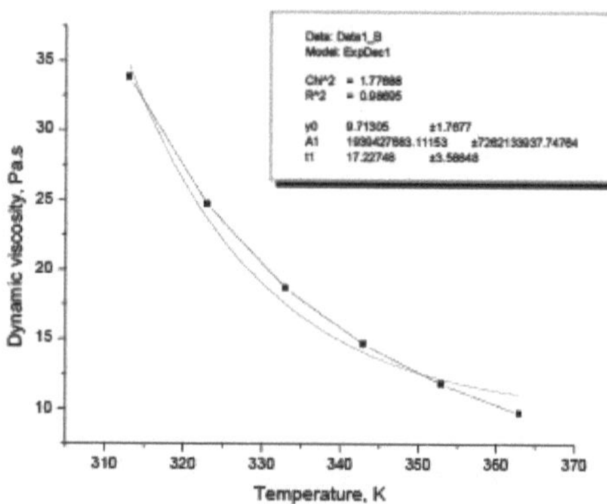

Figura 56. Dependência da viscosidade dinâmica com a temperatura para o óleo de colza refinado à taxa de cisalhamento 80s-1

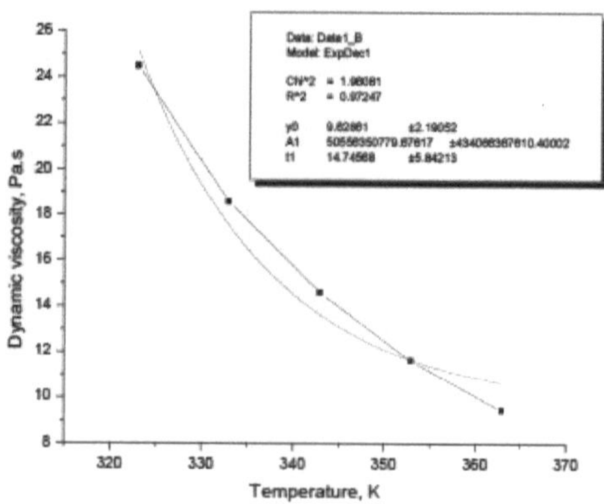

Figura 57. Dependência da viscosidade dinâmica com a temperatura para o óleo de colza refinado à taxa de cisalhamento de 120s-1

2.5.4. Óleo de soja

A Figura 8 mostra a dependência da viscosidade dinâmica com o T para o óleo de soja estudado nas taxas de cisalhamento 3,3s-1, 6s-1, 10,6s-1, 17,87s-1, 30s-1, 52,95s-1, 80s-1 e 120s-1.

Este livro propõe uma correlação (Eq.30) da viscosidade dinâmica em função da temperatura absoluta para o óleo de soja. Utilizamos o programa de computador Origin 6.0 para determinar as constantes no, Ai e t1 e os coeficientes de correlação, R^2 Os valores das constantes no, Ai e ti foram determinados pelo ajuste de curvas exponenciais obtidas para o óleo de soja.

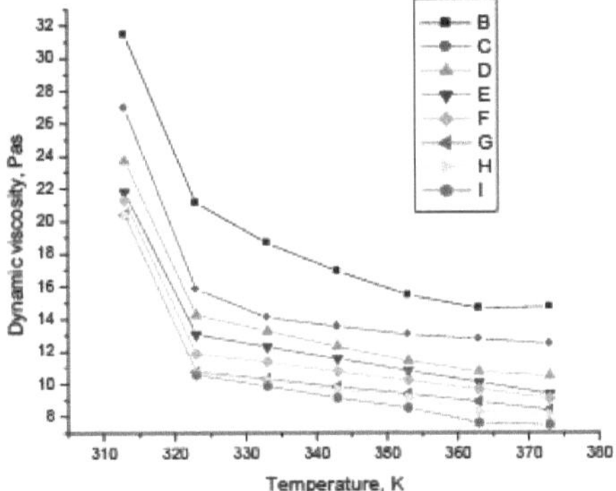

Figura 58. A correlação da viscosidade dinâmica com a temperatura absoluta a: B - 3,3s-1, C - 6s-1, D - 10,6s-1, E - 17,87s-1, F - 30s-1, G - 52,95s-1, H - 80s-1 e I - 120s-1

$$\eta = \eta_0 + A_1 exp(T/t_1) \tag{30}$$

A dependência da viscosidade dinâmica com a temperatura absoluta para o óleo de soja na taxa de cisalhamento de 3,3s-1 , 6s-1, 52,95s-1 e 80s-1 (as curvas pretas das Figuras 59, 60, 61 e 62) foi ajustada exponencialmente como mostrado nas figuras 59, 60, 61 e 62. A dependência exponencial da viscosidade dinâmica com a temperatura absoluta para o óleo de soja a 3,3s-1 é descrita pela equação (31):

$$\eta = 15.41055 + 1.8065E15exp(T/9.67682) \tag{31}$$

em que $\eta_0 = 15.41055$, $t_1 = 9.67682$ e Ai = 1,8065E15. O coeficiente de correlação é $R^2 = 0,98436$.

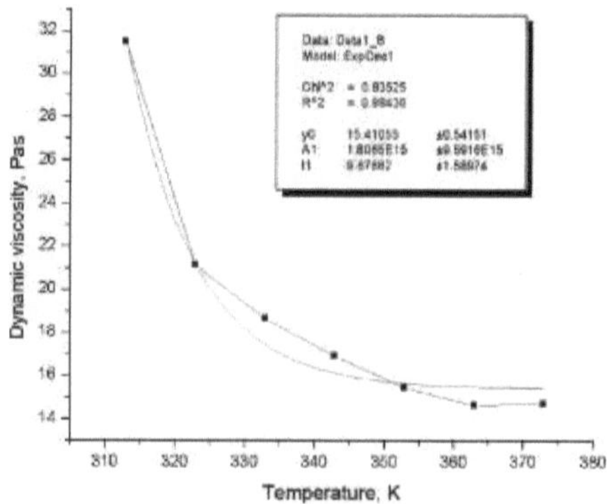

Figura 59. A correlação da viscosidade dinâmica com a temperatura absoluta a 3,3s^{-1} para a direita para B e 1B representa o ajuste exponencial para B

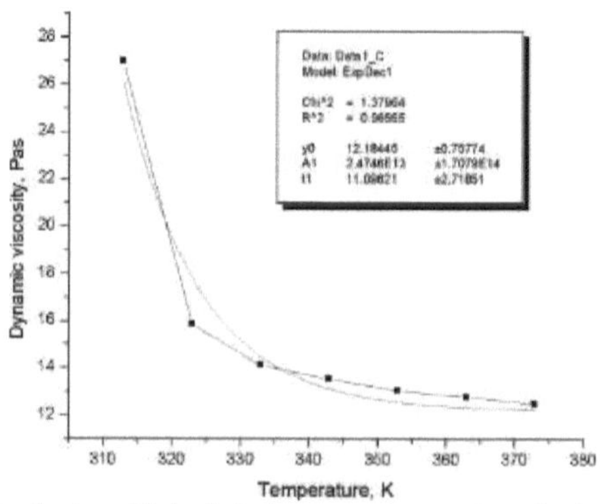

Figura 60. A correlação da viscosidade dinâmica com a temperatura absoluta em 6s^{-1} para a direita para C e 1C representa o ajuste exponencial para C

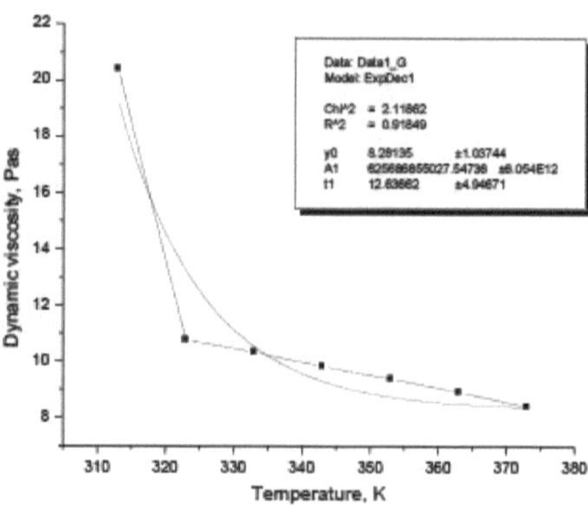

Figura 61. A correlação entre a viscosidade dinâmica e a temperatura absoluta a 52,95s-1 para a direita para G e 1G representa o ajuste exponencial a G

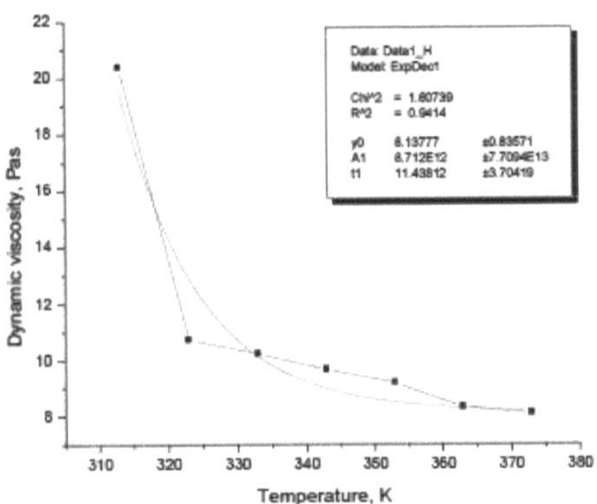

Figura 62. A correlação entre a viscosidade dinâmica e a temperatura absoluta a 80s-1 para a direita para H e 1H representa o ajuste exponencial para H

A Tabela 29 mostra o valor dos parâmetros da equação descrita (30) para o óleo de soja e o coeficiente de correlação, R^2 Como mostra a Tabela 29, o parâmetro *no* diminui com o aumento da taxa de cisalhamento, o parâmetro *A1* tem valores próximos em todas as taxas de cisalhamento e os coeficientes de correlação estão próximos da unidade. A raiz do erro quadrático médio significa que os dados experimentais estão espalhados pela equação.

Tabela 29. A taxa de cisalhamento, o valor dos parâmetros descritos pela equação (30) e o coeficiente de correlação para o óleo de soja

Taxa de cisalhamento, s-1	Valor dos parâmetros			Coeficiente de correlação, R^2
	Πo	Ai	t1	
3.3	15.4106	1.8065E15	9.6768	0.9844
6	12.1844	2.4746E13	11.0962	0.9656
10.6	10.6208	3.1663E12	11.9178	0.9669
17.87	9.4743	2.3015E10	14.6027	0.9398
30	9.0642	2.4908E11	13.1313	0.9257
52.95	8.2814	6.2568E11	12.6366	0.9185
80	8.1378	8.7119E12	11.4381	0.9414
120	8.0567	6.8522E12	11.3243	0.7864

2.6. Estudo da taxa de cisalhamento com a tensão de cisalhamento dos óleos sem aditivos

2.6.1. Azeite

A figura 63 mostra a dependência da taxa de cisalhamento com a tensão de cisalhamento para o azeite de oliva não aditivado na faixa de temperatura 40 - 100°C e taxas de cisalhamento entre 3,3 e 120 s⁻¹.

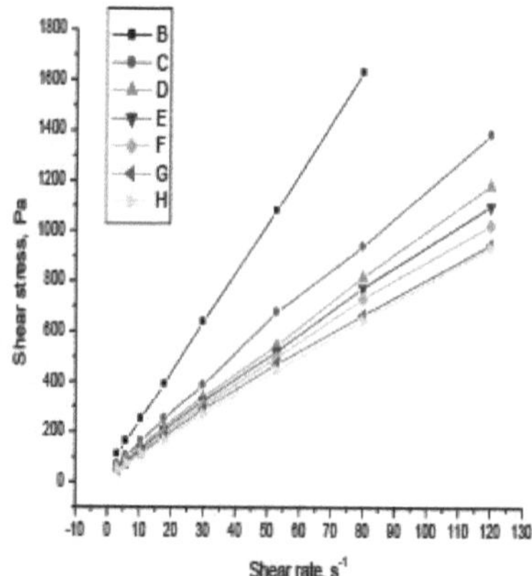

Figura 63. Dependência da tensão de cisalhamento versus taxa de cisalhamento nas temperaturas B-40⁰ C, C-50⁰ C, D-60⁰ C, E-70⁰ C, F-80⁰ C, G-90⁰ C e H-100 C⁰

Figura 64. A correlação da tensão de cisalhamento com a taxa de cisalhamento à temperatura de 40 °C para a direita para B e 1B representa o ajuste linear a B

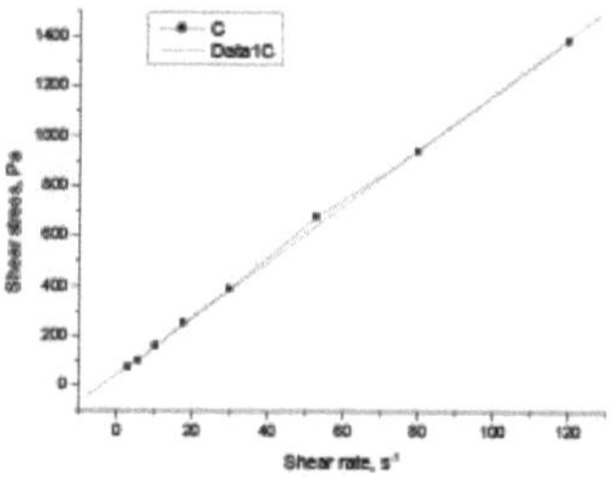

Figura 65. A correlação entre a tensão de cisalhamento e a taxa de cisalhamento à temperatura de 50 °C para a direita para C e 1C representa o ajuste linear para C

As figuras 64 e 65 mostram a representação gráfica dos dados experimentais da taxa de cisalhamento em função da tensão de cisalhamento a temperaturas de 40 e 50°C.
A Tabela 30 inclui os valores dos parâmetros reológicos característicos do modelo de fluxo de Bingham no intervalo de temperatura 40 -100°C.

<u>**Tabela 30.**</u> <u>Valores dos parâmetros reológicos característicos do modelo de escoamento de Bingham</u>
<u>(10)</u>

	Parâmetros reológicos da equação		
Temperatura, 0C	* 0		Coeficiente de correlação, R^2
40	19.8184	40.8707	0.9999
50	11.2528	45.5434	0.9995
60	9.6028	38.8396	0.9997
70	8.9793	38.9844	0.9994
80	8.4015	38.2732	0.9989
90	7.7240	39.5068	0.9989
100	7.5880	33.0540	0.9996

O parâmetro diminui com o aumento da temperatura, e o parâmetro diminui com o aumento da temperatura. Os coeficientes de correlação têm valores entre 0,9989 e 0,9999, o que demonstra que o azeite tem as características do modelo de Bingham.

2.6.2. Óleo de girassol

Os reogramas do óleo de girassol obtidos a partir de dados experimentais às temperaturas e taxas de cisalhamento especificadas são mostrados nas **Fig. 66** (B), **67** (C), **68** (D), **69** (E), **70** (F), **71** (G) e 72 (H) .

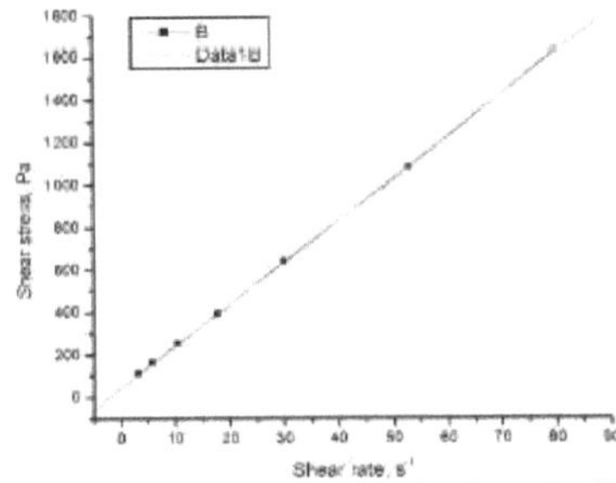

Figura 66. Reogramas de óleo de girassol a 313 K

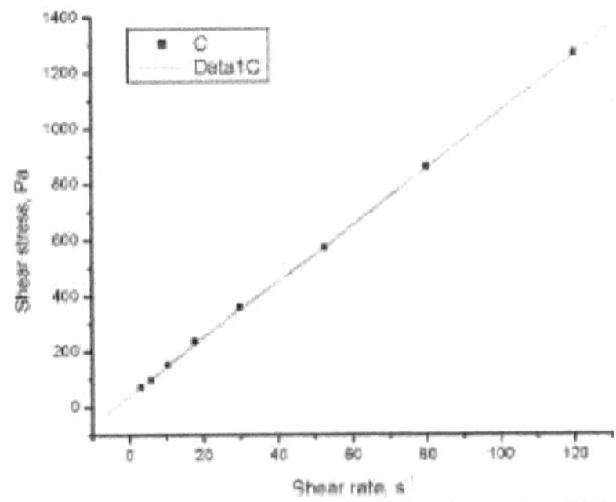

Figura 67. Reogramas de óleo de girassol a 323 K

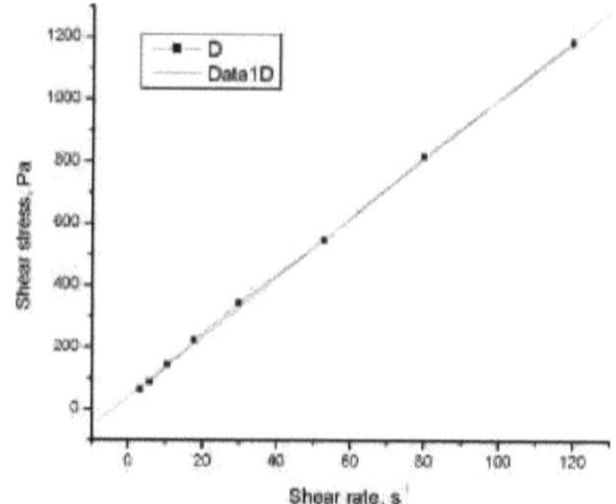

Figura 68. Reogramas de óleo de girassol a 333 K

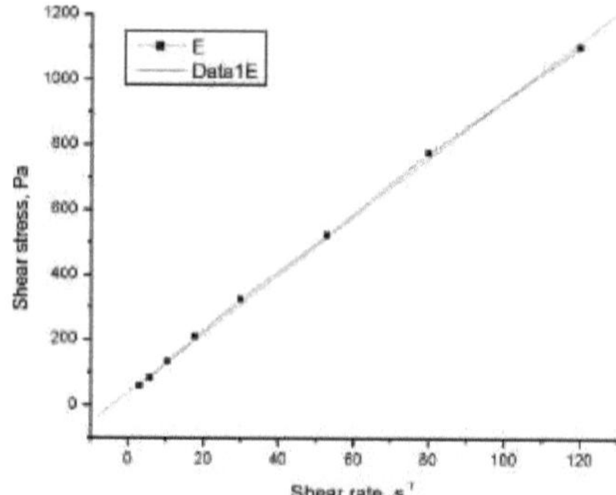

Figura 69. Reogramas de óleo de girassol a 343 K

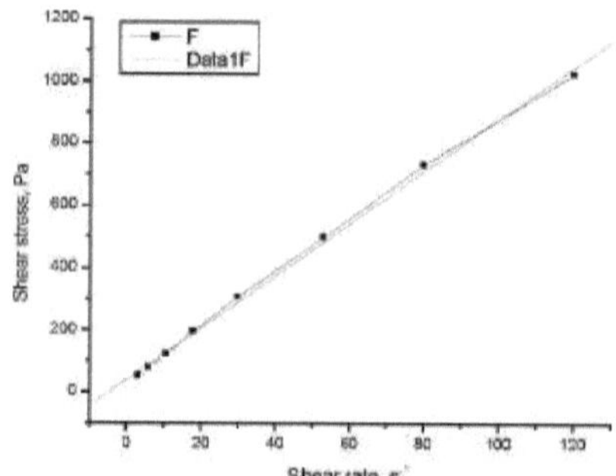

Figura 70. Reogramas do óleo de girassol a 353 K

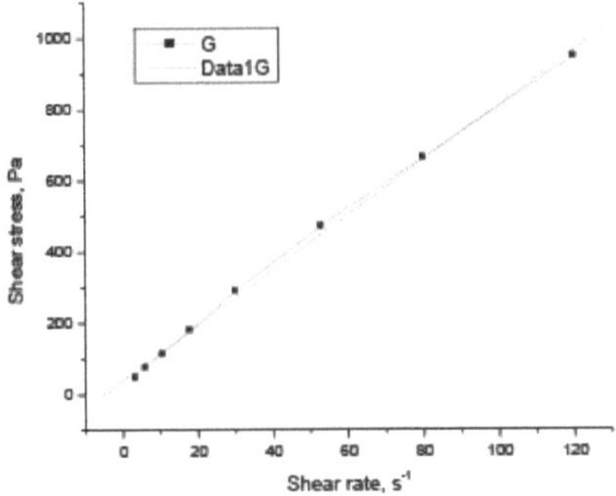

Figura 71. Reogramas de óleo de girassol a 363 K

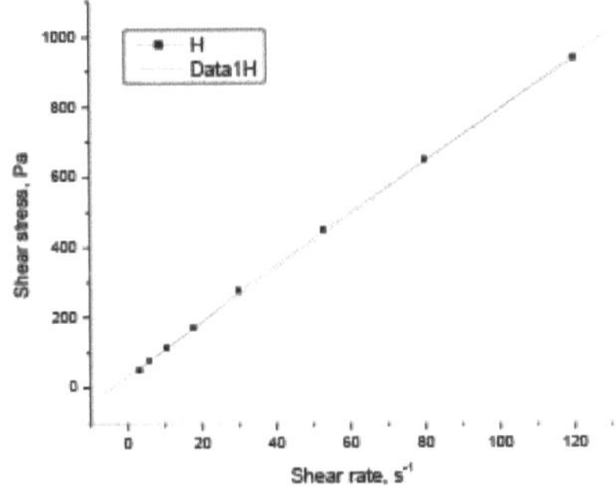

Figura 72. Reogramas de óleo de girassol a 373 K

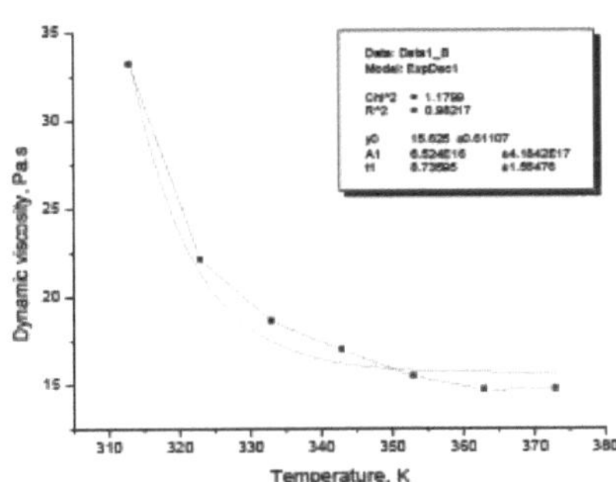

Figura 73. Viscosidade dinâmica versus temperatura para o óleo de girassol a uma taxa de cisalhamento de 3,3 s-1

A dependência da viscosidade dinâmica com a temperatura para o óleo de girassol a uma taxa de cisalhamento de $3,3s^{-1}$ e $30s^{-1}$ (as curvas pretas das **Fig. 73** e **74**) foi um decaimento exponencial de primeira ordem, como mostrado nas figuras 73 e 74. A dependência exponencial da viscosidade dinâmica com a temperatura para o óleo de girassol a $3,3s^{-1}$ é descrita pela equação (31):

$$\eta = 15.625 + 6.52397E16\exp(-T/8.73595) \tag{31}$$

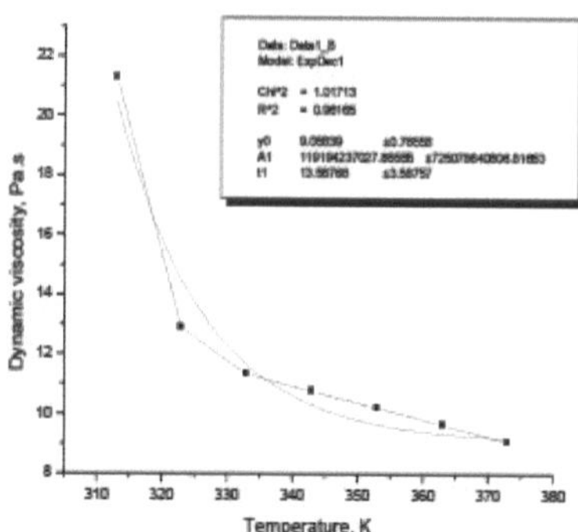

Figura 74. Viscosidade dinâmica versus temperatura para o óleo de girassol a uma taxa de cisalhamento de 30 s-1

A dependência exponencial da viscosidade dinâmica com a temperatura para o óleo de girassol refinado a 30s^{-1} é descrita pela equação (32):

$$\eta = 9.05839 + 1.19194E11\exp(-T/13.56768) \tag{32}$$

A viscosidade dinâmica do óleo de girassol diminui exponencialmente com o aumento da temperatura. As curvas pretas das figuras 66, 67, 68, 69, 70, 71 e 72 mostram que o óleo de girassol é descrito pela equação de Bingham (10) com coeficientes de correlação muito próximos da unidade (0,99995) a 313 - 343 K e 373 K. Para temperaturas entre 353-363 K, o óleo de girassol tem um comportamento de fluido de Casson.

Os coeficientes de correlação correspondentes ao cálculo da tensão de cisalhamento com as equações de Bingham, Casson, Ostwald-de Waele e, respetivamente, Herschel-Bulkey estão listados na Tabela 31.

Tabela 31. Coeficientes de correlação para os modelos (10)-(13) para o óleo de girassol à temperatura 40 - 100°C

Coeficiente de correlação, R^2				
Temperatura, K	Modelo Bingham	Modelo Casson	Modelo Ostwald-de Waele	Modelo Herschel-Bulkley
313	0.99995	0.99768	0.99768	0.99546
323	0.99985	0.99764	0.99764	0.99430
333	0.99971	0.99840	0.99840	0.99279
343	0.99940	0.99905	0.99905	0.99345
353	0.99896	0.99935	0.99935	0.99821
363	0.99885	0.99938	0.99938	0.99367
373	0.99965	0.99858	0.99858	0.99704

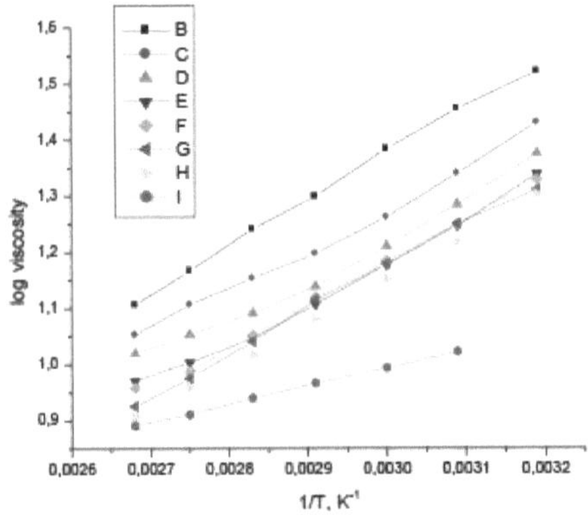

Figura 75. Gráfico da viscosidade logarítmica em função de 1/T do óleo de girassol a: B - 3,3s⁻¹ , C - 6s⁻¹ , D - 10,6s⁻¹
, E - 17,87s⁻¹ , F - 30s⁻¹ , G - 52,95s⁻¹ , H - 80s⁻¹ e I - 120s⁻¹

Os gráficos da viscosidade logarítmica versus 1/T para o óleo de girassol estão representados na **Fig. 75.** Dada a aplicabilidade da equação de Andrade (7) para uma grande variedade de líquidos, esta foi utilizada para analisar a variação da viscosidade dinâmica com a temperatura [10]:

$$\eta = A \cdot 10^{B/T} \tag{7}$$

onde: η − viscosidade dinâmica (Pa^s), T temperatura (grau Kelvin), A e B são constantes para um determinado fluido. As constantes A e B, de acordo com a equação de Andrade, também foram determinadas para o óleo de girassol (Tabela 32):

Tabela 32. Constantes A e B da equação de Andrade, para óleo de girassol e taxa de cisalhamento

Taxa de cisalhamento, s⁻¹	log A	B
3.3	-1.0943	823.0914
6	-0.8809	719.2359
10.6	-0.8635	695.2737
17.87	-0.9898	724.6267
30	-1.0409	741.6243
52.95	-1.1407	771.6052
80	-1.1677	773.0162
120	0.0209	324.3608

2.6.3. Óleo de colza

Os reogramas do óleo de colza bruto às temperaturas e taxas de cisalhamento especificadas são mostrados na Figura 75.

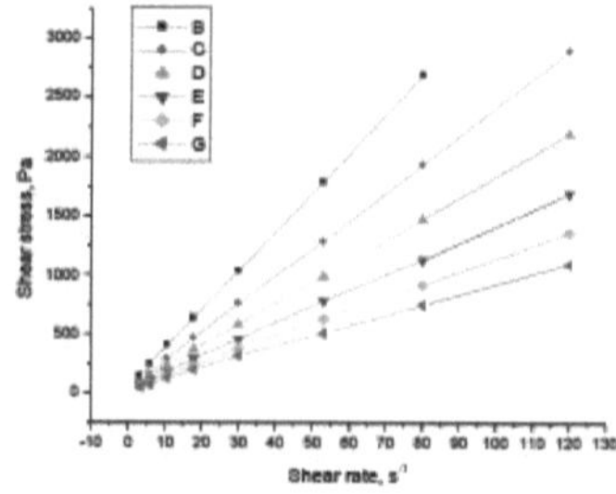

Figura 75. Reogramas do óleo de colza bruto a: ■ 313; ♦ - 323; ▲ - 333; ▼ - 343; ♦ - 353 e ◄ - 363K

Na gama de temperaturas estudada, o óleo de colza bruto apresenta um comportamento fluido de Bingham com coeficientes de correlação próximos de um valor.

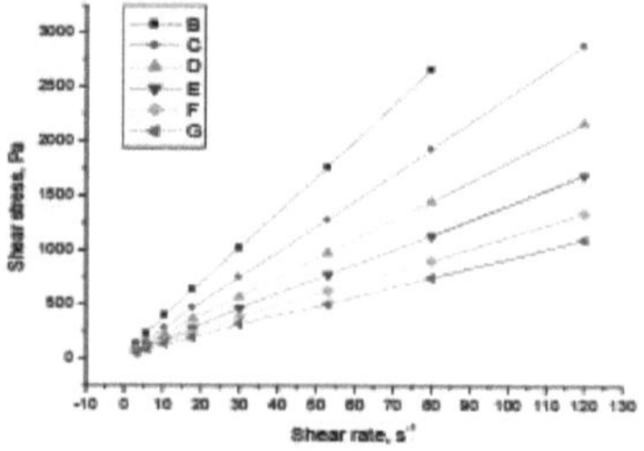

Figura 76. Reogramas do óleo de colza degomado a: ■ 313; ♦ - 323; ▲ - 333; ▼ - 343; ♦ - 353 e ◄ - 363K

Tal como o petróleo bruto e o óleo de colza, o degumat apresenta um comportamento fluido de Bingham na gama de temperaturas estudada.

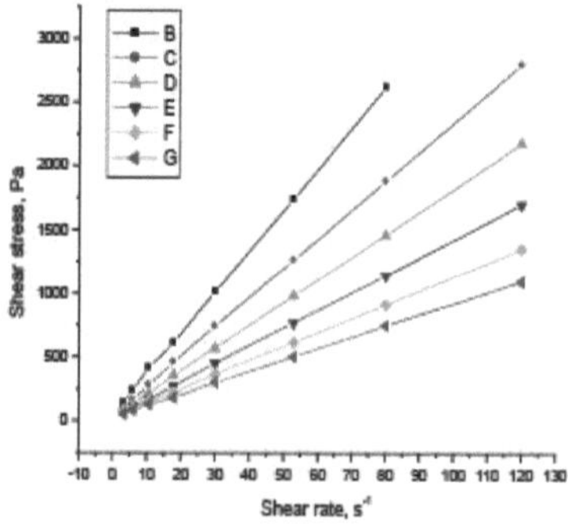

Figura 77. Reogramas do óleo de colza seco a: ■ 313; ♦ - 323; ▲ - 333; ▼ - 343; ♦ - 353 e ◄ - 363K

O óleo de colza apresenta um comportamento de fluido de Bingham seco na gama de temperaturas estudada. Todos os coeficientes de correlação têm valores semelhantes a um.

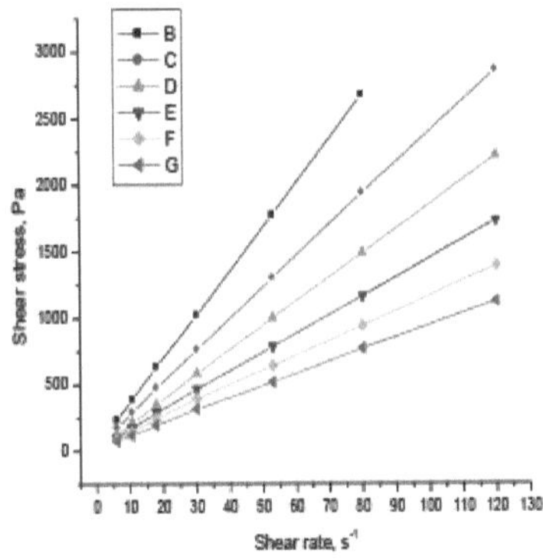

Figura 78. Reogramas do óleo de colza branqueado a: ■ 313; ♦ - 323; ▲ - 333; ▼ - 343; ♦ - 353 e ◄ - 363K

O óleo de colza branqueado tem um comportamento fluido de Bingham na gama de temperaturas estudada. A viscosidade do óleo diminui com o aumento da temperatura.

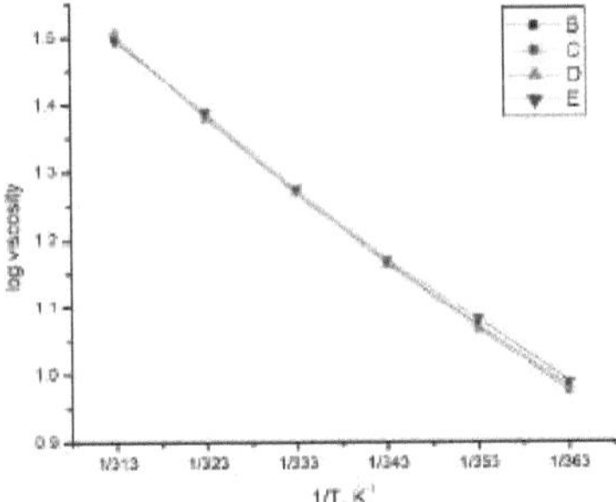

Figura 79. Gráficos da viscosidade logarítmica em função de 1/T para: B - óleo de colza bruto; C - óleo de colza degomado; D - óleo de colza seco; E - óleo de colza branqueado

A viscosidade dinâmica diminui com a temperatura, de acordo com a equação de Andrade (7) [9-11]:

Tabela 33. Constantes A e B da equação de Andrade para os óleos de colza

Óleo	log A	B
colza em bruto	-0.10431	1.58712
sementes de colza degomadas	-0.10749	1.58871
colza seca	-0.10765	1.59212
colza branqueada	-0.10393	1.58593

O declive diminui do óleo de colza bruto para o óleo de colza seco. O óleo de colza branqueado apresenta o valor mais elevado do declive. O valor de B aumenta do óleo de colza bruto para o óleo de colza seco. O óleo de colza branqueado apresenta o valor mais baixo de B.

Os reogramas do óleo de colza refinado obtidos a partir de dados experimentais às temperaturas e taxas de cisalhamento especificadas são mostrados nas Figuras 80, 81, 82, 83, 84 e 85.

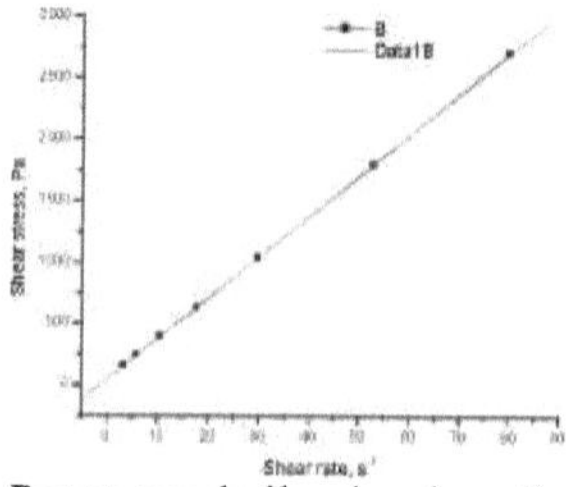

Figura 80. Reogramas de óleo de colza refinado a 40 C⁰

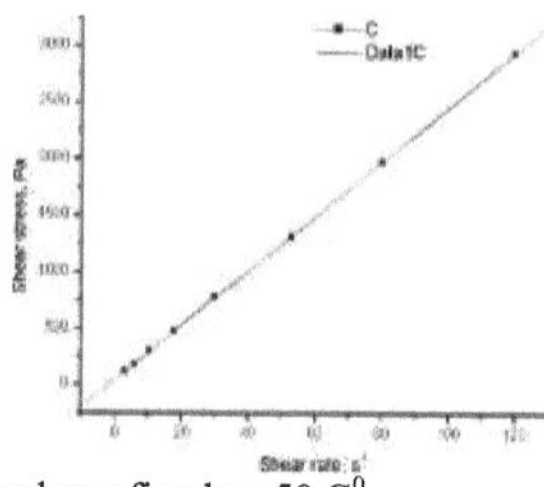

Figura 81. Reogramas do óleo de colza refinado a 50 C⁰

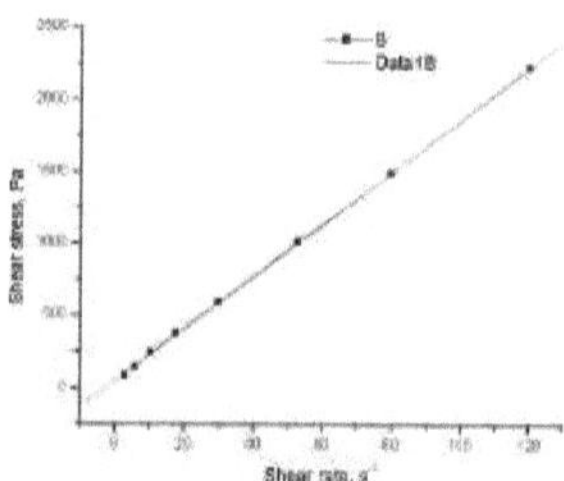

Figura 82. Reogramas de óleo de colza refinado a 60 C⁰

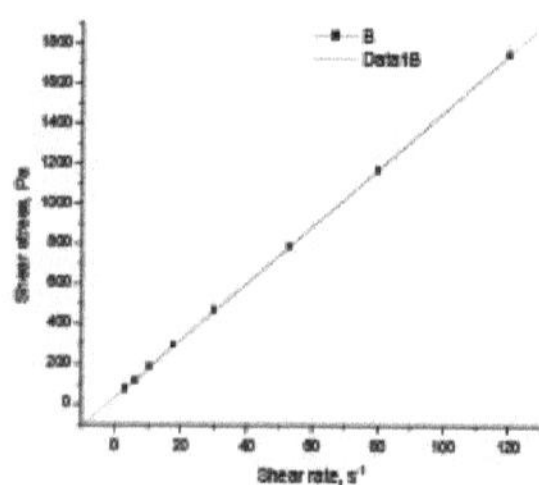

Figura 83. Reogramas de óleo de colza refinado a 70 C⁰

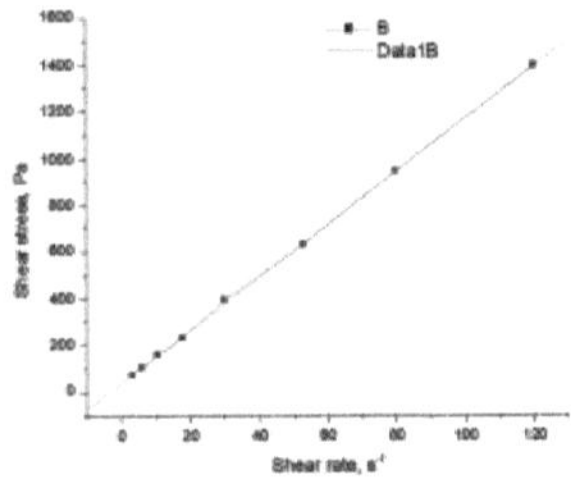

Figura 84. Reogramas dc ólco de colza refinado a 80 C^0

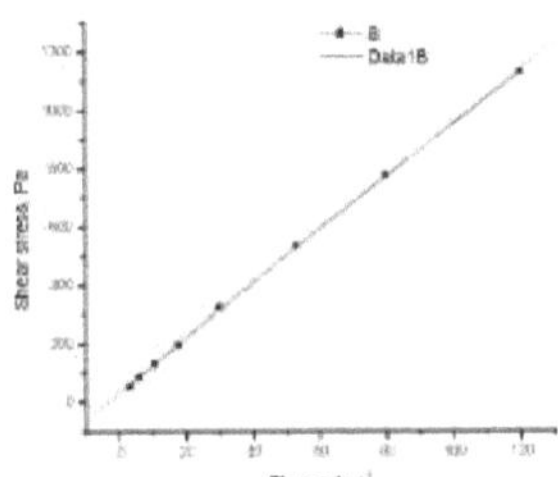

Figura 85. Reogramas de óleo de colza refinado a 90 C^0

As Figuras 80-85 mostram que o óleo de colza refinado utiliza a equação de Bingham com coeficientes de correlação muito próximos da unidade (0,9999) a 40 c 90^0 C. Os coeficientes de correlação correspondentes ao cálculo da tensão de cisalhamento com as equações de Bingham, Casson, Ostwald-de Waele e, respetivamente, Herschel-Bulkey são apresentados no Quadro 34.

Tabela 34. Coeficientes de correlação dos modelos (10)-(13) para o óleo de colza refinado à temperatura de 4090 C^0

	Coeficiente de correlação, R2			
Temperatura, 0C	Modelo Bingham	Modelo Casson	Modelo Ostwald-de Waele	Modelo Herschel-Bulkley
40	0.9999	0.9990	0.9990	0.9992
50	0.9999	0.9992	0.9992	0.9993
60	0.9999	0.9997	0.9997	0.9997
70	0.9999	0.9990	0.9990	0.9990
80	0.9999	0.9972	0.9971	0.9972
90	0.9998	0.9989	0.9990	0.9989

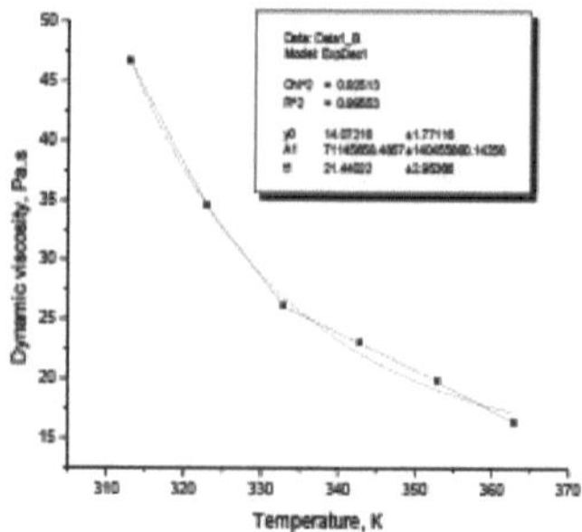

Figura 86. Viscosidade dinâmica versus temperatura para óleo de colza refinado a uma taxa de cisalhamento de 3,3 s-1

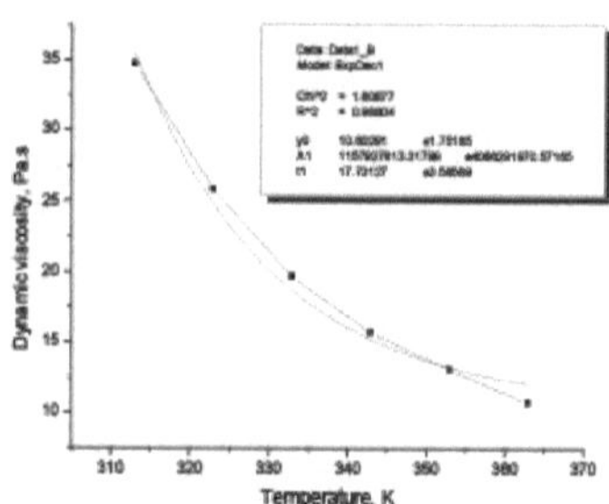

Figura 87. Viscosidade dinâmica versus temperatura para óleo de colza refinado a uma taxa de cisalhamento de 30 s-1

A dependência da viscosidade dinâmica da temperatura para o óleo de colza refinado a uma taxa de cisalhamento de $3,3s^{-1}$ e $30s^{-1}$ (as curvas a preto das figuras 86 e 87) foi um decaimento exponencial de primeira ordem, como mostram as figuras 86 e 87 (as curvas a vermelho). A viscosidade dinâmica do óleo de colza refinado diminui exponencialmente com o aumento da temperatura.

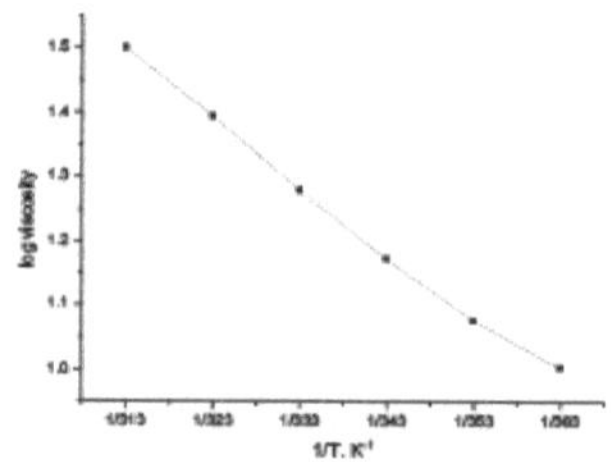

Figura 88. Gráfico da viscosidade logarítmica em função de 1/T para o óleo de colza refinado

Os gráficos da viscosidade logarítmica versus 1/T para o óleo de colza refinado são apresentados na figura 88. As constantes A e B, de acordo com a equação de Andrade, também foram determinadas para o óleo de colza refinado: log A = -0,09826 e B = 1,60496

2.6.4. *Óleo de soja*

Os reogramas para o óleo de soja nas temperaturas e taxas de cisalhamento especificadas são mostrados nas Fig. 89-92.

A Figura 89 mostra o cisalhamento a temperaturas que variam de 313K a 373K. Os registos mostram uma relação linear de pressão de cisalhamento.

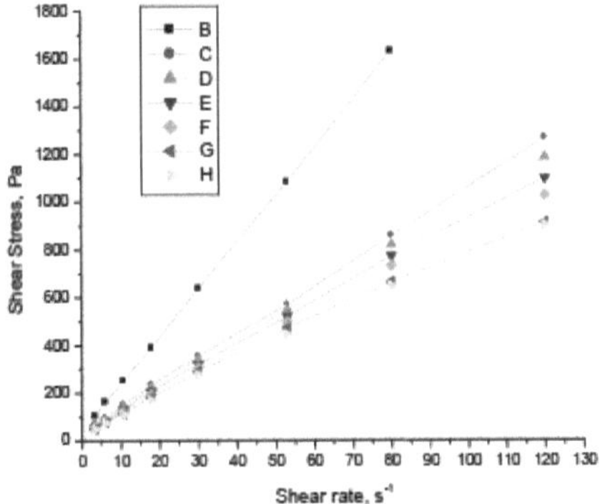

Figura 89. Reogramas para o óleo de soja a: ■ 313; - - 323; ▲ - 333; ▼ - 343; ♦ - 353; ◄ - 363 e ► - 373 K

A dependência da tensão de cisalhamento com a taxa de cisalhamento do óleo de soja à temperatura de 313K, 323K e 333K (as curvas vermelhas das Fig. 90, 91 e 92) foi um decaimento exponencial de primeira ordem, como mostrado nas figuras 90, 91 e 92. A dependência exponencial entre a tensão de cisalhamento e a taxa de cisalhamento para o óleo de soja a 313K, 323K e 333K é descrita pela equação (35).

A Figura 90 mostra a dependência tensão de cisalhamento - taxa de cisalhamento a 313K e o ajuste exponencial da primeira ordem marcada a vermelho à direita.

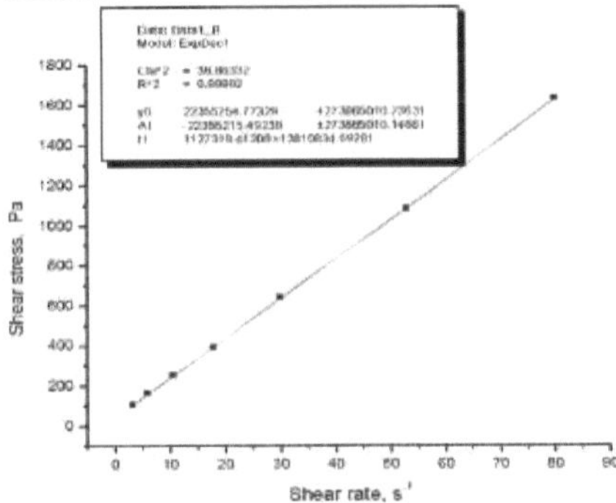

Figura 91. A correlação da tensão de cisalhamento com a taxa de cisalhamento à temperatura 313 para a direita para B e 1B representa o ajuste exponencial para B

A Figura 92 mostra a dependência tensão de cisalhamento - taxa de cisalhamento a 323K e o ajuste exponencial da primeira ordem marcada a vermelho à direita

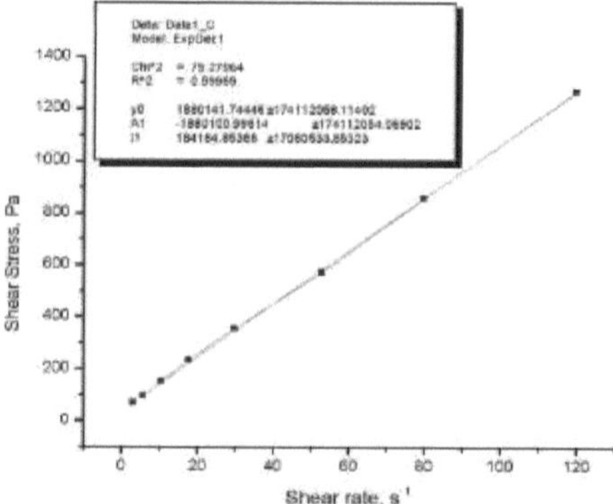

Figura 92. A correlação da tensão de cisalhamento com a taxa de cisalhamento à temperatura 323 para a direita para C e 1C representa o ajuste exponencial para C

A Figura 93 mostra a dependência tensão de cisalhamento - taxa de cisalhamento a 333K e o ajuste exponencial da primeira ordem marcada a vermelho à direita.

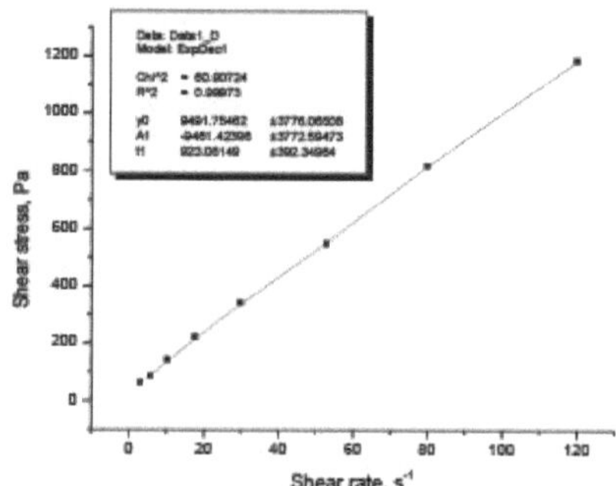

Figura 94. A correlação da tensão de cisalhamento com a taxa de cisalhamento à temperatura 333 para a direita para D e 1D representa o ajuste exponencial para D

Este artigo propõe quatro equações (33) - (35) de dependência da taxa de cisalhamento das tensões de cisalhamento verificadas apenas para o óleo de soja. O software Origin 6.0 foi utilizado para determinar a equação das constantes para o óleo de soja. Além disso, os parâmetros a, b, c e A VARIAM com a temperatura.

As Tabelas 35-37 mostram as constantes do óleo de soja. Como mostrado nas Tabelas 35-37, o software encontrou equações exponenciais aplicadas às curvas de temperatura do óleo de soja. A raiz do erro quadrático médio significa que os dados experimentais estão espalhados equação. Permanece a mesma faixa de taxa de cisalhamento, onde a equação foi ajustada a outros dados experimentais.

A partir dos resultados da regressão tabulados nos quadros 35-37, o coeficiente de determinação mais baixo e o erro quadrático médio mais elevado foram 0,9975 e 0,9999, respetivamente.

$$\tau = a + b\dot{\gamma} \tag{35}$$

$$\tau = a + b\dot{\gamma} + c\dot{\gamma}^2 \tag{36}$$

$$\tau = \tau_0 + a\exp(-\dot{\gamma}/b) \tag{37}$$

a, b, c e t0 eram constantes do óleo de soja e variavam com a temperatura.

Tabela 35. Constantes de correlação para o modelo reológico (eq.35) a diferentes temperaturas, de 313 K a 373K.

Temperatura [K]	Valor dos parâmetros do modelo teórico descrito pela equação (35)		R^2
	a	b	
313	19.8298	39.2877	0.9999
323	10.2058	40.7291	0.9998
333	9.6248	38.6389	0.9997
343	8.9593	38.9844	0.9994
353	8.4149	38.2984	0.9989
363	7.4829	44.6587	0.9975
373	7.3621	37.9352	0.9987

Tabela 36. Constantes de correlação para o modelo reológico (eq.36) a diferentes temperaturas, de 313 K a 373K.

Temperatura [K]	Valor dos parâmetros do modelo teórico descrito pela equação (36)			R^2
	a	b	c	
313	42.7344	19.4858	0.0042	0.9999
323	41.0424	10.1825	1.9877E-4	0.9997
333	30.5093	10.2294	-0.0052	0.9997
343	24.9179	10.0054	-0.0089	0.9998
353	19.8339	9.7881	-0.0117	0.9999
363	18.5760	9.4227	-0.0166	0.9999
373	20.1464	8.6850	-0.0113	0.9999

Tabela 17. Constantes de correlação para o modelo reológico (eq.37) a diferentes temperaturas, de 313 K a 373 K.

Temperatura [K]	Valor dos parâmetros do modelo teórico descrito pela equação (37)			R^2
	T0	a	b	
313	2.2355E7	-2.2355E7	1.1273E6	0.9999
323	1.8801E6	-1.8801E6	184164.8536	0.9997
333	9491.7546	-9461.4239	923.0815	0.9997
343	5034.3435	-5009.8352	498.0696	0.9998
353	3548.8614	-3529.6679	357.3468	0.9999
363	2164.1389	-2147.1985	222.6809	0.9999
373	2875.9804	-2856.4450	325.5386	0.9999

As tabelas permitem tirar as seguintes conclusões. A equação (35) pode ser aplicada a baixas temperaturas e as equações (36) e (37) a altas temperaturas. Os coeficientes de correlação têm valores entre 0,9999 e 0,9998 a baixas temperaturas.

2.7. Conclusões sobre o comportamento reológico dos óleos vegetais analisados

Para caraterizar o comportamento reológico dos óleos vegetais estudados, foram escolhidos os seguintes
parâmetros:
- dependência da viscosidade dinâmica da taxa de cisalhamento;
- dependência da velocidade de cisalhamento com a tensão de cisalhamento;
- dependência da viscosidade dinâmica da temperatura.

Para a análise da variação da viscosidade dinâmica com a velocidade de cisalhamento, os modelos de escoamento: Ostwald de-Waele, Herschel - Bulkley, Bingham e Casson.

Os dados experimentais, obtidos a partir das determinações reológicas de todos os óleos testados, verificaram os modelos de fluxo acima mencionados, mas com valores diferentes do coeficiente de correlação. Analisando os dados experimentais, observou-se que, para as temperaturas de ensaio de 40 °C e 100 °C, a viscosidade dinâmica do óleo de colza é a menos influenciada pelo aumento da taxa de cisalhamento. À temperatura de ensaio de 40°C, a viscosidade do óleo de soja é mais afetada pelo aumento da taxa de cisalhamento, enquanto que a 100°C a viscosidade do azeite é mais afetada pelo aumento da taxa de cisalhamento.

A análise da variação da viscosidade dinâmica com a temperatura foi realizada utilizando as equações de Andrade e Asiática. Estudando os valores dos coeficientes de correlação das duas equações utilizadas, observa-se que a equação asiática é a que melhor se aproxima dos dados experimentais, podendo esta equação ser utilizada para descrever a dependência da viscosidade dinâmica com a temperatura. Analisando o decréscimo percentual da viscosidade dinâmica com a temperatura dos óleos vegetais não aditivos, observa-se que

- para a velocidade de cisalhamento de 3,3 s^{-1} , o azeite de oliva apresenta a melhor estabilidade da viscosidade dinâmica com a temperatura;
- no caso de uma taxa de cisalhamento de 30 s^{-1} , o óleo de soja tem a melhor dinâmica de temperatura de estabilidade de viscosidade;

A análise dos dados experimentais mostrou que o azeite tem o menor aumento da viscosidade dinâmica com a temperatura, em todas as velocidades e temperaturas a que os óleos foram testados.

CAPÍTULO 3

APLICAÇÃO DA EQUAÇÃO ALARGADA DE VOGEL-TAMMANN-FULCHER
AO ÓLEO DE SOJA

A correlação exacta dos dados de viscosidade do óleo de soja é de extrema importância prática quando se procuram condições de enchimento óptimas para determinadas aplicações. Embora as melhores correlações de dados experimentais para a dependência da temperatura possam ser feitas aproveitando a equação VTF [51-53] e evitando o uso de variáveis dependentes da temperatura, as correlações ainda são tentadas combinando o uso de ambas as variáveis dependentes, como a temperatura, bem como variáveis independentes em muitos estudos.

Em pesquisas anteriores, a mudança na viscosidade do óleo de soja em diferentes temperaturas foi analisada usando a teoria da taxa absoluta [54,55]. A teoria da taxa absoluta, amplamente aplicável a processos de fluxo, descreve a dependência viscosidade-temperatura na forma de Arrhenius [56,57]. Esta teoria tem sido usada para determinar mudanças nas propriedades viscoelásticas do óleo de soja a altas temperaturas [56,58,59]. Nesta pesquisa, a equação empírica mais utilizada é a equação de Williams-Landel-Ferry (WLF) [60]. Outra equação muito utilizada para modelar a dependência viscosidade-temperatura é a equação de Vogel-Tammann-Fulcher (VTF) [51-53]. Foi inicialmente desenvolvida para analisar a relação viscosidade-temperatura de líquidos orgânicos sobreaquecidos e foi recentemente aplicada a polímeros, soluções proteicas e alimentos [61- 65].

Neste trabalho, os dados de viscosidade obtidos a diferentes temperaturas foram ajustados e comparados utilizando tanto a equação VTF como uma equação EVTF alargada proposta.

3.1. Dependência da temperatura da viscosidade

A viscosidade do fluido é importante porque influencia o manuseamento, o transporte, a injeção e a eficiência da combustão, o funcionamento da mistura, a tubagem, a conceção, o transporte, o transporte por bombagem e a atomização. A viscosidade do fluido é afetada pela temperatura e pela pressão.

3.1.1. Enquadramento teórico

Uma vez que o fluido tem uma natureza complexa, não existe ainda uma teoria para o descrever. Existem alguns modelos na literatura, como a teoria da função de distribuição proposta por Kirkwood et al. [66], a abordagem de dinâmica molecular relatada por Cumming e Evans [67] e a teoria da taxa de reação de Eyring [68 - 70]. Os métodos empíricos e semi-empíricos não fornecem resultados razoáveis, mas carecem de uma abordagem geral, especialmente na proximidade da temperatura de ebulição [64]. Por conseguinte, os dados experimentais existentes na literatura mostram que a viscosidade dinâmica do líquido diminui com a temperatura de uma forma não linear e côncava e é ligeiramente dependente da baixa pressão.

3.1.2. Equações empíricas

A dependência da viscosidade dinâmica da temperatura é descrita por várias equações empíricas [65, 71-92]:

$$\ln \eta = A + \frac{B}{T+C} + a \log T + bT + cT^2 + \frac{D}{T^3} + \frac{E}{T^2} + \frac{F}{T^n} \tag{38}$$

Dependência viscosidade-temperatura para sistemas líquidos que têm um comportamento linear ou não linear, representamos o logaritmo da viscosidade dinâmica (lnq) em relação à temperatura absoluta (1 / T). Equações multi-constantes (equação 1) para muitos fluidos que se desviam fortemente do comportamento de Arrhenius. Existem vários fluidos, tais como sais fundentes, vidros e metais, líquidos iónicos, óleos pesados e vegetais, combustíveis e biocombustíveis, etc. [66-68]. Para o comportamento não linear, verifica-se que a dependência da temperatura da viscosidade dinâmica, de acordo com a equação de Vogel-Fulcher-Tammann (VTF) [51 53], é expressa da seguinte forma

$$\ln \eta = \ln A_0 + \frac{A_1}{T - T_c} \tag{39}$$

Onde $A0$ e $A1$ são constantes óptimas e Tc é a temperatura VTF. Também é interessante utilizar a equação VTF modificada, que é expressa da seguinte forma

$$\ln \eta = A_0 + \frac{E_1}{R(T - T_c)} \tag{40}$$

Onde R é a constante dos gases perfeitos, $E1$ é a energia de ativação VTF e, $A0$ e, $T0$, são idênticos aos parâmetros $A0$ e Tc na Eq. (2), respetivamente [56,57 64-66].

Da mesma forma, para descrever o comportamento do óleo de soja em diferentes temperaturas, encontramos na literatura a seguinte relação, denominada equação de Willams-Landel-Ferry (WLF) e frequentemente utilizada para o mel [93-95]:

$$\frac{\ln \eta}{\eta_g} = \frac{-C_1(T - T_g)}{C_2 + (T - T_g)} \tag{41}$$

Tabela 38. Logaritmo da viscosidade dinâmica do óleo de soja em diferentes temperaturas e taxas de cisalhamento.

Temperatura		Taxa de cisalhamento / s^{-1}							
		3.3	6	10.6	17.87	30	52.95	80	120
T/°C	T / K	ln(n /mPa.s)							
40	313.15	3.4484	3.2947	3.1655	3.0810	3.0573	3.0160	3.0146	3.0131
50	323.15	3.0015	2.7625	2.6575	2.5703	2.4732	2.4038	2.3712	2.3527
60	333.15	2.8693	2.6462	2.5848	2.5096	2.4292	2.3535	2.3243	2.2895
70	343.15	2.8003	2.5849	2.5112	2.4467	2.3749	2.3028	2.2670	2.2127
80	353.15	2.7389	2.5180	2.4354	2.3805	2.3253	2.2396	2.2148	2.1448
90	363.15	2.6899	2.4721	2.3749	2.3154	2.2690	2.1883	2.1389	2.0618
100	373.15	2.6484	2.4233	2.3504	2.2538	2.2083	2.1282	2.0894	2.0136

Geralmente, quando a dependência viscosidade-temperatura se desvia do comportamento de Arrhenius [7173,75-80], os experimentadores preferem usar a expressão usual de VTF (Eq. 39) para minimizar a discrepância com os dados experimentais.

No entanto, quando o modelo VTF (Eq. 39) não é de algum modo satisfeito, o nosso modelo sugerido consiste em expandir o modelo VTF da dependência linear da variável ($\ln A0$, $A1$, Tc) para um polinómio de segundo grau expresso da seguinte forma

$$\ln \eta = \ln A_0 + \frac{A_1}{T - T_c} + \frac{A_2}{(T - T_c)^2} + \ldots \ldots \tag{42}$$

$$\ln \eta = \ln A_0 + \frac{A_1}{T - T_c} + \frac{A_2}{(T - T_c)^2} + \ldots \ldots \tag{42}$$

em que Ai são três novos parâmetros ajustáveis livres que podem ser determinados por regressão não linear.

A Tabela 39 resume os resultados dos dois ajustes diferentes para o modelo VTF (Eq. 39) e o presente modelo EVTF alargado (Eq. 42) relacionados com o sistema de óleo de soja a sete temperaturas diferentes (293,15 -353,15) K e para cada uma das oito taxas de cisalhamento fixas (3,3-120) s^{-1} . Em geral, o R-$quadrado$ ($R2$) e o desvio padrão (a) são melhores para o modelo proposto (Eq. 72) quando ($A2 \neq 0$) do que para o modelo VTF habitual (Eq. 39) quando ($A2 = 0$) na Eq. 42.

As Figs. 90 a 97 mostram que a discrepância entre os valores experimentais e os calculados pelo modelo EVTF proposto (Eq. 42), em comparação com o modelo VTF simples (Eq. 39). Para além disso, o modelo VTF começa a desviar-se e a divergir a altas temperaturas.

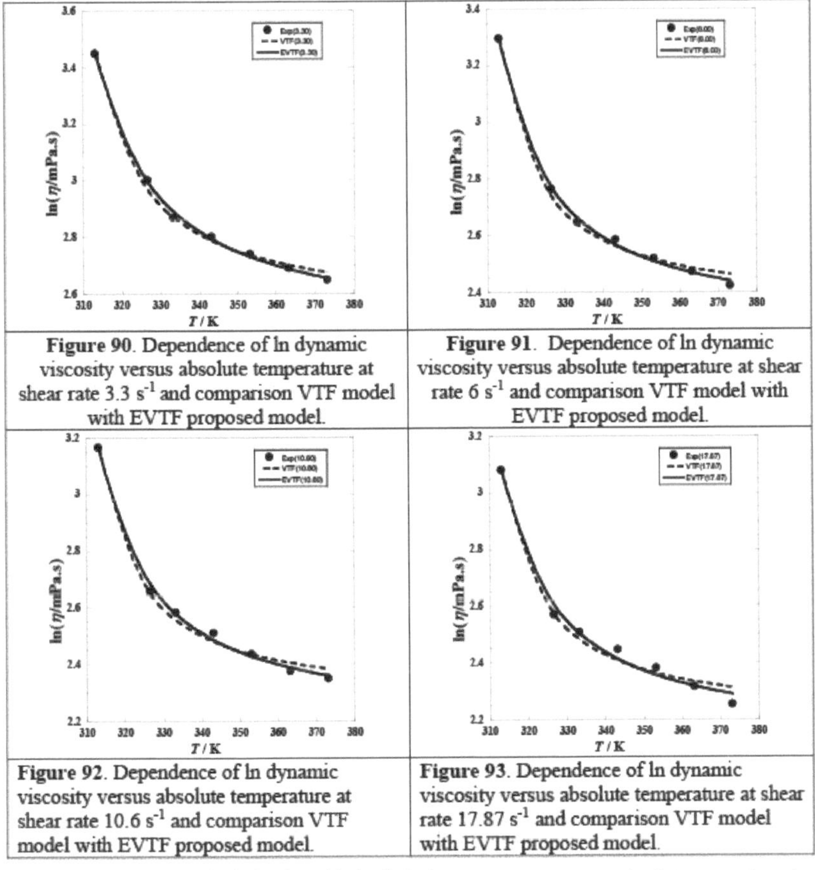

Figure 90. Dependence of ln dynamic viscosity versus absolute temperature at shear rate 3.3 s⁻¹ and comparison VTF model with EVTF proposed model.

Figure 91. Dependence of ln dynamic viscosity versus absolute temperature at shear rate 6 s⁻¹ and comparison VTF model with EVTF proposed model.

Figure 92. Dependence of ln dynamic viscosity versus absolute temperature at shear rate 10.6 s⁻¹ and comparison VTF model with EVTF proposed model.

Figure 93. Dependence of ln dynamic viscosity versus absolute temperature at shear rate 17.87 s⁻¹ and comparison VTF model with EVTF proposed model.

Figura 90. Dependência de ln viscosidade dinâmica versus temperatura absoluta a uma taxa de cisalhamento de 3,3 s⁻¹ e comparação do modelo VTF com o modelo proposto EVTF.

Figura 90. Dependência de ln viscosidade dinâmica versus temperatura absoluta a uma taxa de cisalhamento de 3,3 s⁻¹ e comparação do modelo VTF com o modelo proposto EVTF.

Figura 92. Dependência de ln viscosidade dinâmica versus temperatura absoluta a uma taxa de cisalhamento de 10,6 s-1 e comparação do modelo VTF com o modelo proposto EVTF.

Figura 93. Dependência de ln viscosidade dinâmica versus temperatura absoluta a uma taxa de cisalhamento de 17,87 s-1 e comparação do modelo VTF com o modelo proposto EVTF

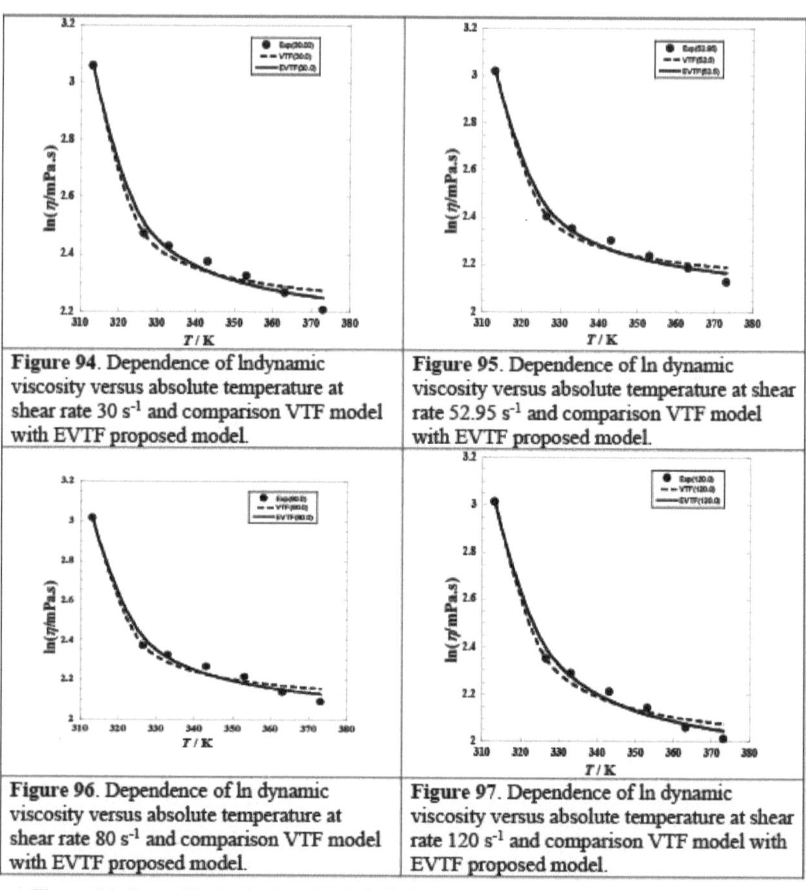

Figure 94. Dependence of lndynamic viscosity versus absolute temperature at shear rate 30 s⁻¹ and comparison VTF model with EVTF proposed model.	Figure 95. Dependence of ln dynamic viscosity versus absolute temperature at shear rate 52.95 s⁻¹ and comparison VTF model with EVTF proposed model.
Figure 96. Dependence of ln dynamic viscosity versus absolute temperature at shear rate 80 s⁻¹ and comparison VTF model with EVTF proposed model.	Figure 97. Dependence of ln dynamic viscosity versus absolute temperature at shear rate 120 s⁻¹ and comparison VTF model with EVTF proposed model.

Figura 94. Dependência da viscosidade lndinâmica versus temperatura absoluta à taxa de cisalhamento de 30 s-1 e comparação do modelo VTF com o modelo proposto EVTF.

Figura 95. Dependência de ln viscosidade dinâmica versus temperatura absoluta a uma taxa de cisalhamento de 52,95 s-1 e comparação do modelo VTF com o modelo proposto EVTF.

Figura 96. Dependência de ln viscosidade dinâmica versus temperatura absoluta a uma taxa de cisalhamento de 80 s-1 e comparação do modelo VTF com o modelo proposto EVTF.

Figura 97. Dependência de ln viscosidade dinâmica versus temperatura absoluta a uma taxa de cisalhamento de 120 s-1 e comparação do modelo VTF com o modelo proposto EVTF.

Tabela 40. Coeficientes óptimos (A_i), temperatura VTF (T_C), R-quadrado (R2) e desvio padrão (a) para o logaritmo da viscosidade dinâmica versus temperatura absoluta a diferentes taxas de cisalhamento, modelo VTF (Eq. 93, $A_2 = 0$) e para o modelo EVTF proposto (Eq. 42, $A_2 \neq 0$).

Modelo	Taxa de cisalhamento	Valores dos parâmetros				R-quadrado	SD
	s⁻¹	lnA_0	A_1 / K	$A_2 / K2$	T_C / K	R_2	a
VTF	3.3000	2.5220	11.074	0	301.4	0.99333	0.0225
EVTF		2.4501	15.338	-41.938	301.35	0.99832	0.0113

VTF	6.0000	2.3359	8.8138	0	303.1	0.99265	0.0255
EVTF		2.2649	12.522	-28.706	303.05	0.99818	0.0127
VTF	10.600	2.2570	8.8189	0	303.6	0.99062	0.0271
EVTF		2.1832	12.773	-32.265	303.56	0.99702	0.0153
VTF	17.870	2.1906	8.5447	0	304.7	0.98486	0.0339
EVTF		2.1189	12.354	-31.229	304.47	0.99124	0.0258
VTF	30.000	2.2001	4.9953	0	306.4	0.98327	0.0367
EVTF		2.1357	7.7854	-14.356	306.41	0.99060	0.0275
VTF	52.950	2.1082	5.5600	0	307.1	0.98591	0.0353
EVTF		2.0462	8.3008	-14.624	307.06	0.99180	0.0270
VTF	80.000	2.0735	5.4813	0	307.4	0.98369	0.0397
EVTF		2.0050	8.4498	-15.275	307.41	0.99056	0.0302
VTF	120.00	1.9611	7.8488	0	307.8	0.98595	0.0401
EVTF		1.8781	11.814	-25.307	307.47	0.99293	0.0283

Considerando as equações dimensionais da Eq. 42 e comparando-as com as do modelo VTF (Eq. 92), podemos dar algum significado físico aos *parâmetros Ai-*, para os quais as Eqs. 42 e 45 podem ser re-expressas da seguinte forma

$$ln\eta = lnA_0 + \frac{E_1}{R(T-T_c)}$$ 46)

para o modelo VTF, e:

$$ln\eta = lnA_0 + \frac{E_1}{R(T-T_c)} - \frac{E_2{}^2}{R^2(T-T_c)^2} + \ldots$$ (47)

para o modelo EVTF alargado sugerido, em que os parâmetros $E1$ e $E2$ são energias, R é a constante dos gases perfeitos, Tc e $A0$ é uma viscosidade a temperatura infinita.

A Tabela 41 resume os valores das duas novas energias para o modelo VTF (Eq. 46) e para o presente modelo EVTF alargado (Eq. 47) relativos ao sistema de óleo de soja a sete temperaturas diferentes (293,15 -353,15) K e para cada uma das oito taxas de cisalhamento fixas (3,3-120) s^{-1}.

Tabela 41. Parâmetros ótimos $E1$ e $E2$ para o logaritmo da viscosidade dinâmica versus temperatura absoluta em diferentes taxas de cisalhamento, modelo VTF (Eq. 46, $E2 = 0$) e aquele para o modelo EVTF proposto (Eq. 47, $E2 \neq 0$).

Modelo	Taxa de cisalhamento	Valores dos parâmetros		
		E1	E2	A_0
	s^{-1}	J.mol^{-1}	J.mol^{-1}	mPa.s
VTF	3.30	92.074	0.0000	12.453
EVTF		127.53	53.844	11.590
VTF	6.00	73.282	0.0000	10.339
EVTF		104.11	44.547	9.6302
VTF	10.60	73.325	0.0000	9.5544
EVTF		106.20	47.228	8.8747
VTF	17.87	71.045	0.0000	8.9406
EVTF		102.72	46.464	8.3220
VTF	30.00	41.533	0.0000	9.0259
EVTF		64.731	31.503	8.1630
VTF	52.95	46.228	0.0000	8.2334

		69.017	31.796	7.7384
EVTF		69.017	31.796	7.7384
VTF	80.0	45.574	0.0000	7.9526
EVTF		70.256	32.496	7.4261
VTF	120.0	65.259	0.0000	7.1071
EVTF		98.227	41.827	6.5411

Como primeiro passo para atribuir um significado, (E1) pode ser considerada como a energia de ativação VTF, comparando com a equação matemática do tipo Arrhenius. Observamos que a temperatura VTF (*TC*) é praticamente idêntica para os dois modelos VTF e EVTF. Podemos justificar esta constatação pelo facto de a viscosidade do óleo de soja aumentar exponencialmente perto de uma dada temperatura e divergir fisicamente independentemente do modelo utilizado, como VTF ou EVTF. Além disso, partindo do facto de que o valor da viscosidade do estado sólido é quase infinito, podemos concluir que a temperatura VTF (*TC*) está próxima e em relação com o ponto de fusão (*Tm*). Comparando as Eqs. 6 e 7, podemos considerar que (E2) é um termo corretor da energia de ativação da VTF (E1) e deve estar altamente correlacionado. Por analogia com a equação do tipo Arrhenius, (A0) está em correlação causal com a viscosidade do óleo de soja no estado de vapor próximo à temperatura normal de ebulição (*Tb*) [65,96-99].

3.2. Efeito da taxa de cisalhamento nos parâmetros VTF.

A Fig. 90a mostra que o fator pré-exponencial (A0) diminui exponencialmente a valores muito baixos da taxa de cisalhamento, após o que continua a diminuir lentamente. No entanto, pensando no significado físico de (A0) que é equivalente a uma viscosidade e na eventual obediência à lei da potência, descobrimos uma linearização óptima muito interessante revelada pela Fig. 90b, que nos permite sugerir um modelo empírico interessante expresso da seguinte forma

$$A_0 = \frac{a \cdot \gamma + b}{\gamma^{1.21}}$$

(48)

Onde o valor 0,21 pode representar um determinado índice de fluxo reológico e, (*a*) e (*b*) são parâmetros ajustáveis. Os valores de (*a*) e (*b*) são dados na (Fig. 90b).

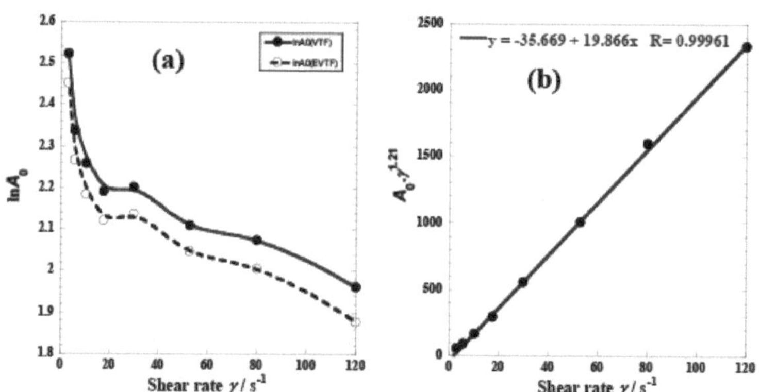

Figura 90. Comparação do logaritmo do fator pré-exponencial *lnA0* (Tabela 2) calculado pela Eq. (7), relacionado com (-): modelo VTF (Eq. 3) e que (o): o modelo EVTF proposto (Eq. 5).

As Figs. 91 e 92 mostram que os coeficientes ótimos (*Ai*) diminuem rapidamente a baixa taxa de cisalhamento para atingir um mínimo e variam muito ligeiramente na faixa de taxa de cisalhamento entre 30 e 80 s⁻¹. Considerando que estes parâmetros estão em relação com a energia de ativação da VTF (*Ei*), podemos concluir que há uma certa estabilização na faixa de taxa de cisalhamento [30-80] em (s⁻¹), onde as moléculas de óleo de soja encontram facilidade para transitar de uma camada de fluido para uma adjacente.

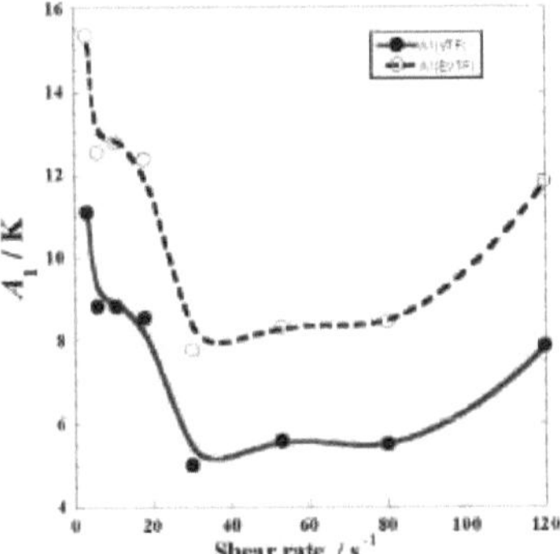

Figura 91. Comparação dos coeficientes óptimos (A_1), (Tabela 2), relativos a (-): modelo VTF (Eq. 3) e que (o): o modelo EVTF proposto (Eq. 5).

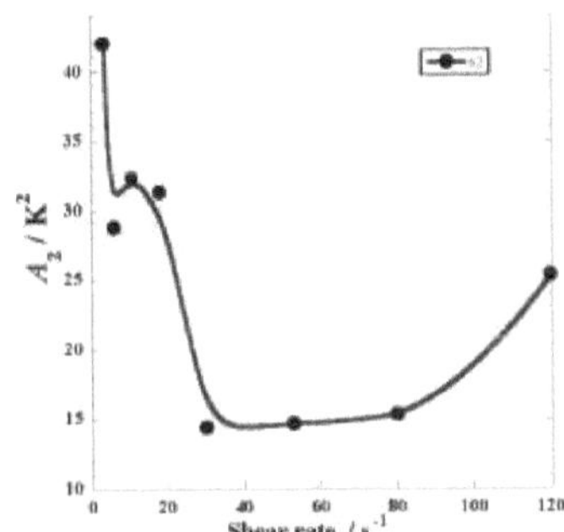

Figura 92. Variação dos coeficientes óptimos (A_2), (Tabela 2), relacionados com o modelo EVTF proposto (Eq. 5) em função da taxa de cisalhamento (Tabela 2).

A Fig. 92 mostra que a temperatura VTF (TC) aumenta com a taxa de cisalhamento e tende para um valor limite de cerca de 308 K a valores elevados da taxa de cisalhamento, o que está provavelmente relacionado com o ponto de fusão (Tm).

3.3. Conclusões

A dependência da viscosidade em relação à temperatura do óleo de soja não segue o comportamento linear de Arrhenius. O comportamento não-Arrhenius deve ser melhor descrito usando as equações WLF e VTF. O presente trabalho propõe um novo modelo reológico que estende o modelo usual de Vogel-Tammann-Fulcher (VTF) linear em $1/(T\text{-}TC)$ para um modelo não linear (i.e. forma polinomial em $1/(T\text{-}TC)$) que pode ser chamado de expressão estendida de Vogel-Tammann-Fulcher (EVTF) e, dependendo da discrepância com os dados experimentais, podemos escolher o grau polinomial ideal desde dois. Observamos que a não linearidade em $1/(T\text{-}TC)$) do modelo de extensão proposto tem a vantagem de reduzir a discrepância com os dados experimentais, especialmente a valores elevados da taxa de cisalhamento, e pode alargar o domínio de validade em comparação com o modelo VTF simples, que pode divergir a taxas de cisalhamento elevadas.

Além disso, o presente trabalho propõe um novo modelo EVTF de dependência dinâmica da viscosidade da temperatura para o óleo de soja. O presente trabalho insere-se no quadro geral da modelação empírica e semi empírica, propondo expressões originais em reologia ou alargando certos modelos existentes. [92,100,101].

Devido às melhorias obtidas, podemos constatar que a expressão estendida proposta pode ser utilizada para correlacionar várias propriedades reológicas com correlação fiável de numerosos fluidos não newtonianos para além dos óleos vegetais e comparar as energias de ativação VTF (Ei), bem como as temperaturas VTF (TC), a fim de fornecer uma classificação do comportamento reológico dos fluidos para oferecer algumas interpretações teóricas interessantes e contribuir para o desenvolvimento da teoria.

Bibliografia

1. Steffe, J.F. **1996**. Rheological Methods in Food Process Engineering, Editia a 2-a, Freeman Press, 2807 Still Vallez Dr., East Lansing, MI 48823, USA

2. Kasatkin, A.G. **1963**. Procese si aparate principale in tehnologia chimica, Ed. Tehnica, Bucuresti

3. Crudu, I., On the concept of tribosystem and tribomodelling criterion, Proc. of 4 th. Congresso Europeu de Tribologia, Eurotrib 85, Lyon, Vol IV, **1985**.

4. Crudu, I., Tribosistem-Tribomodel in studiul sistemelor mecanice, Editura Galati University Press, Galati, **2008**.

5. O'Connor, J.J., Boyd, J., Avallone, E.A., Standard Handbook of Lubrication Engineering, Mc Graw-Hill Book Company, **1968**.

6. Stachowiak, G.W., Batchelor, A.W., Engineering Tribology, Elsevier, Amesterdão, **1993**.

7. Ştefanescu, I., Deleanu, L., Ripa, M., *Lubrifiere şi lubrifianfi*, Editura Europlus, Galati, ISBN 978-973-7845-93-1, **2008**.

8. Stepina, V., Vesely, V., Lubricants and Special Fluids, Elsevier Science B.V, Amesterdão, ISBN 0-444-98674-X, **1992**.

9. Olaru, D., Fundamente de lubrificatie, Editura Gh. Asachi, Iaşi, **2002**.

10. Pascovici, M.D., Cicone, T., Elemente de tribologie, Ed. BREN, Bucureşti, **2001**.

11. Hohn, B.R., Michaelis, K., Dobereiner, R., **1999**, *Lubr. Eng.*, 15.

12. ŞTefanescu, I., Calomir, C., Spanu, C., *Studies concerning the vegetable oil viscosity used as biodegradable lubricants*, The Annals of ,,Dunarea de Jos" University of Galati, fascicle VIII, Tribology, 237-242, **2003**.

13. Schneider, M., Smith, P., Plant *Oil in Total Loss & Potential Loss Applications*, Relatório Finall, 16 de maio **de 2002**.

14. Gulsum, P., *Bio-based Lubricants*, Opct Petrolouluk A.§., AOSB-Izmir, **2008**

15. Murr T., *Benotigen wir ,,Bio-Ole" in alien Bereichen der Schmierstoffanwendung und werden sie daruber hinaus unseren technischen Anforderungen gerecht?*, 11th International Colloquim Industrial and Automotive Lubricants, Technische Akademie Esslingen, vol. I,. 201-269, **1998**.

16. Ştefanescu, I., Dima, S., Vintila, I., Calomir, C., Milea, F., *Unele cercetari experimentale privind lubrifian^ii ecologici pe baza de uleiuri vegetale*, Constructia de ma§ini, 1-2, Anul 56, Bucureşti, 73-77, **2004**.

17. Gebig, F.A., Helman B., Gebig, Y., Haefke, H., *A comparative study of the tribological properties of vegetable oils*, Proc. of 2nd Word Tribology Congress, Vienna, paper A-21-08-159 on CD, **2002**.

18. Vizintin, J., Krazan, B., *Tribological properties of vegetable based universal trator transmission oil*, The Annals of ,,Dunarea de Jos" University of Galati, fascicle VIII, Tribology, 221-227, **2003**.

19. Hayder, A.A., Rosli M.Y., Abdurrahman, H.N., Nizam M.K., **2011**, *International Journal of the Physical Sciences*, 6(20), 4695- 4699.

20. Rosillo-Calle, F., Pelkmans, L., Walter, A., *A global overview of vegetable oils, with reference to biodiesel*, A Report for IEA Bioenergy Task 40, www.fas.usda.gov/psdonline, **2009**.

21. Penciu, S., Beldescu, A., *Studiul poten[i.alidiu de export al Romaniei: Uleiuri Vegetale*, Centrul Roman pentru Promovarea Comertului Şi Investitiilor Straine, **2012**.

22. Panturu, D., Birsan, I. G., **Lubrifianfi Şi sisteme de ungere a utilajelor din industria moraritului Şipanificafiel,** Galati, **1994**.

23. Stachowlak, G.W., Batchelor, A.W., **Engineering Tribology,** Butterworth-Heinemann, Team Lrn, **2005**.

24. Lambert, W.J., Johnson, I.J., *Vegetable oil Lubricants for internal combustion engines and total loss lubrication*, US Patent Nr. 5888947, **1999**.

25. Ştefanescu, I., *Cercetariprivind mhunatajireapropprietajilor tribologice Şi cresterea stabilitafii la oxidare a lubrifianjilor ecologicipe baza de uleiuri vegetale*, Sinteza Grand, faza III, tema 7,cod

CNCSIS 1049, **2005.**

26. **** PHG, Reglementarea tehnica „*Uleiuri vegetale comestibile*", Anexa 4, "*Compozijia in acizi grasi pentru identificarea uleiurilor vegetale dintr-un singur tip de materie prima*", **2010.**

27. Subagio, A., Morita, N., **2003**, *Food Chemistry*, 81, 97-102.

28. Bradford, P.G., Awad, A.B., **2007**, *Molecular Nutrition and Food Research*, 51, 161-170.

29. Szydlowska-Czerniak, A., Bartkowiak-Broda, I., Karlovic, I., Karlovits, G., Szlyk, E., **2011**, *Food Chemistry*, 127, 556-563, 2011.

30. Dais, P., Hatzakis, E., **2013**, *Analytica Chimica Ata*, 765, 1-27.

31. Angerosa, F., **2002**, *European Journal of Lipid Science and Technology*, 104, 639-660.

32. Aparicio, R., Morales, M.T., **1998**, *Journal of Agriculture and Food Chemistry*, 46, 1116-1122.

33. Lazzez, A., Perri, E., Caravita, M.A., Khlif, M., Cossentini, M., **2008**, *Journal of Agricultural and Food Chemistry*, 56, 982-988.

34. Revwolinski, C., Shaffer, D.L., **1985**, *JAOCS*, 62,.1120-1124.

35. Toro-Vazquez, J.F., Infante-Guerrero, R., **1993**, *JAOCS*, 70, 1115-1119.

36. Diaz, R.M., Bernardo, M.I., Fernandez, A.M., Folgueras, M.B., **1996**, *Fuel*, 75, 574-578.

37. Eromosele, C.O., Paschal, N.H., **2003**, *Bioresour. Technol.*, 86, 203-205.

38. Hasan, S.W., Ghannamb, M., Esmail, N., **2010**, *Fuel*, 89, 1095-1100.

39. Wan Nik, W., Ani, F.N., Masjuki, H.H., Eng Giap, S.G., **2005**, *Industrial Crops and Products*, 22, 249-255.

40. Belitz, H.D., Grosch, W., Schieberle, P., *Food Chemistry*, 4th revised and extended Edition, Springer-Verlag, Berlin, ISBN 978-3-540-69933-0, **2009**

41. Satyanarayana, M., Muraleedharan, C., **2011**, *Energy*, 36, 2129-2137.

42. Campanella, A., Rustoy, E., Baldessari, A., Baltanas, M., 2010, *Bioresource Technology*, 101, 245-254.

43. Franco, Z., Nguyen, Q.D., **2011**, *Fuel*, 90, 838-843.

44. Yilmaz, F., Gundogdu, M.Y., **2008**, *Korea-Australia Rheology Journal*, 20(4), 197-211.

45. Biresaw, G., Bantchev, G.B., **2013**, *Tribology Letters*, 49, 501-512.

46. Brodnjak-Voncina, D., Kodba, Z.C., Novic, M., **2005**, *Chemometrics and Inteligent Laboratory Systems*, 75, 31-43.

47. Rodenbush, C.M., Hsieh, F.H., Viswanath, D.S., **1999**, *J. Am. Oil Chem. Soc*,76-141.

48. Krisnangkura, K., Yimsuwan, T., Pairintra, R., **2006**, *Fuel*, 85-107.

49. Esteban, B., Riba, J.R., Baquero, G., Rius, A., Puig, R., **2012**, *Biomass and Bioenergy*, 42, 164171.

50. Azian, M.N., Kamal, A.A.M., Panau, F., Ten, W.K., **2001**, *J. Am. Oil Chem. Soc.*, 78,1001.

51. Vogel H., **1921**, *Physikalische Zeitschrift (em alemão)*, 22, 645.

52. Fulcher G.S., **1925**, *Journal of the American Ceramic Society. Wiley.* 8(6), 339-355.

53. Tammann G., Hesse W., **1926**, *Zeitschrift für anorganische und allgemeine Chemie (em alemão). Wiley*, 156 (1), 245-257.

54. Herrin M. e Jones G.E., **1963**, *Journal of Association of Asphalt Paving Technologists*, 32, 82-105.

55. Salomon D. e Zhai H., **2002**, *Journal of AppliedAsphaltBinder Technology*, 2(2).

56. Christensen D.W., Bahia, H.D. e Anderson, D.A., **1996**, *Journal of Association of Asphalt Paving Technologists*, 65, 385-399.

57. Glasstone S., Laidler K. e Eyring H., *The theory of Rate Processes*, McGraw-Hill, New York, NY, **1941.**

58. Bahia H.U. e Anderson D.A., **1993**, *nJournal of Association of Asphalt Paving Technologists*, 62, 93-129.

59. Marateanu M. e Anderson D., **1996**, *Journal of Association of Asphalt Paving Technologists*, 65, 408-435.

60. Williams M.L., Landel R.F., e Ferry J.D., **1955**, *Journal of the American Chemistry Society*, 77,

3701-3706.

61. Monkos K., **2003**, *Current Topics in Biophysics*, 27(1), 17-21.

62. Debenedetti P.G., e Stillinger F.H., **2001**, *Nature*, 410, 259-267.

63. Comez L., Fioretto D., Palmieri L., Verdini L., Gapinski J., Oakula T., Patoeski A., Steffen W., e Fischer E.W., **1999**, *Physical Review E*, 60(3), 3086-3096.

64. Viswanath D.S., Ghosh T.K., Prasad G.H.L, Dutt N.V.K., Rani K.Y., Viscosity of Liquids.Theory, Estimation, Experiment, and Data. Springer: Dordrecht, Holanda, **2007**.

65. Messaadi A., Dhouibi N., Hamda H., Belgacem F.B.M., Adbelkader Y., Ouerfelli N., Hamzaoui A.H., **2015**, *Journal of Chemistry*, 2015, 12.

66. Kirkwood J.G., Buff F.P., Green M.S., **1949**, *J. Chem. Phys.*, 17, 988-994.

67. Cummings P.T., Evans D.J., **1992**, Ind. *Eng. Chem. Res.*, 31, 237-1252.

68. Eyring H., **1936**, *J. Chem. Phys.*, 4, 283-291.

69. Eyring H., Hirschfelder J.O., **1937**, *J. Phys. Chem.*, 41,249-257.

70. Eyring H., John M.S., Significant Liquid Structure. Wiley: Nova Iorque, **1969**.

71. Rosenstock H.M., Wallenstein M. B., Wahrhaftig A. L., & Eyring, H., **1952**, *Proceedings of the National Academy of Sciences of the United States of America*, 38(8), 667.

72. Christensen C.M., & Eyring, H.J., **2011**, *The innovative university: Changing the DNA of higher education from the inside out*. John Wiley & Sons.

73. Tobolsky A., & Eyring H., **1943**, *The Journal of chemical physics*, 11(3), 125-134.

74. Guzman J. De., **1913**, *Anales de la Sociedad Espanola de Fisica y Quimica*, 11, 353-362.

55. Andrade E. N., **1930**, *Nature*, 125, 309-310.

76. Andrade E. N., **1934**, *Revista Filosófica*, 17, 497-511.

77. Andrade E. N., **1934**, *Revista Filosófica*, 17, 698-732.

78. Duhne C.R., **1979**, *Chemical Engineering*, 86, 83-91.

79. Viswanath D. S. e Natarajan G., "Databook on Viscosity of Liquids," Hemisphere, Nova Iorque, **1989**.

80. Dutt N.V.K., Prasad D.H.L., "Representation of the Temperature Dependence of the Viscosity of Pure Liquids," Comunicação Privada, Divisão de Engenharia Química, Instituto Indiano de Tecnologia Química, Hyderabad, **2004**.

81. Girifalco L.A., **1955**, *Journal of Chemical Physics*, 23, 2446-2447.

82. Noureddini H.D.Z., Teoh B.C., e Clements L.D., **1992**, *Journal of the American Oil Chemists' Society*, 69, 1189-1191.

83. Noureddini H.D.Z., **1997**, *Journal of the American Oil Chemists' Society*, 74,1475-1463.

84. Lang W., Sokhansanj S., e Sosulski F.W., **1992**, *Journal of the American Oil Chemists' Society*, 69, 1054-1062.

85. Dutt N.V.K., **1990**, *Chemical Engineering Journal*, 45, 83-86.

86. Kopylov N.I., **1960**, *Inzhenerno-Fizicheskii Zhurnal*, 3, 97-103.

87. Perry R.H., "Perry's Chemical Engineerers' Handbook," 6th edn., McGraw-Hill, Nova Iorque, 278-282, **1984**.

88. Goletz Jr E., e Tassios D., **1977**, *Industrial & Engineering Chemistry Process Design and Development*, 16, 75-79.

89. Wochnowsky H., e Mussig B., **1983**, *Chemistry*, 111, 123-131.

90. Kotas J., e Valesova M., **1986**, *Rheologica Ata*, 259, 326-330.

91. Gupta A. e Sharma S.K, Toor A.P., **2007**, *Indian Journal of Chemical Technology*, 14, 642645.

92. Stanciu I., **2012**, *Journal of Petroleum Technology and Alternative Fuels*, 3, 19-23.

93. Williams M.L., Landel R.F., e Ferry J.D., **1955**, *Journal of the American Chemistry Society*, 7, 3701-3706.

94. Huachun Z., Delmar S., **2005**, *Transportation Research Record: Journal of the Transportation Research Board*, 1, 25 27

95. Sopade P.A., Halley P., Bhandari B., D'Arcy B., Doebler C., Caffin N., **2002**, *Journal of Food*

Engineering, 56, 67-75.

96. Ridha H., Imen M., Duaa A., Noureddine O., **2021**, *Chemical Physics*. 452, 111076.

97. Snoussi L., Shaik B., Herraez J.V., Akhtar S., Al-Arfaj A.A., Ouerfelli N., **2020**, *Iranian Journal of Chemistry and Chemical Engineering* , 39(3), 287-301.

98. Dallel M., Al-Arfaj A.A., Al-Omair N.A., Alkhaldi M.A., Alzamel N.O., Al-Zahrani A.A., Ouerfelli N., **2017**, *Asian Journal of Chemistry* , 29(9), 2038-2050.

99. Dallel M., Al-Zahrani A.A., Al-Shahrani H.M., Al-Enzi G.M., Snoussi L., Vrinceanu N., Al-Omair N.A., Ouerfelli N., **2017**, *Physics and Chemistry of Liquids*, 55(4), 541-557.

100. Stanciu I., Ouerfelli N., **2020**, *Journal of Biochemical Technology* , 11(3), 52-57.

101. Stanciu I., Messaadi A., D^ez-Sales O., Al-Jameel S.S., Mliki E., Herraez J.V., Ouerfelli N., **2020**, *Journal of Biochemical Technology*, 11(3), 102-114.

yes

I want morebooks!

Buy your books fast and straightforward online - at one of world's fastest growing online book stores! Environmentally sound due to Print-on-Demand technologies.

Buy your books online at
www.morebooks.shop

Compre os seus livros mais rápido e diretamente na internet, em uma das livrarias on-line com o maior crescimento no mundo! Produção que protege o meio ambiente através das tecnologias de impressão sob demanda.

Compre os seus livros on-line em
www.morebooks.shop

Printed by Books on Demand GmbH, Norderstedt / Germany